聂 挺 编著

TONGYONG HANGKONGQI CHUBING FANGBING CAOZUO ZHINAN

通用航空器除冰防冰
操作指南

西南交通大学出版社
·成都·

图书在版编目（ＣＩＰ）数据

通用航空器除冰防冰操作指南 / 聂挺编著. —成都：
西南交通大学出版社，2014.6
ISBN 978-7-5643-3086-6

Ⅰ. ①通…　Ⅱ. ①聂…　Ⅲ. ①航空器－防冰设备－指
南　Ⅳ. ①V244.1-62

中国版本图书馆 CIP 数据核字（2014）第 118777 号

通用航空器除冰防冰操作指南

聂　挺　编著

责 任 编 辑	李芳芳
特 邀 编 辑	田力智
封 面 设 计	本格设计
出 版 发 行	西南交通大学出版社 （成都市金牛区交大路 146 号）
发行部电话	028-87600564　028-87600533
邮 政 编 码	610031
网　　　址	http://press.swjtu.edu.cn
印　　　刷	四川森林印务有限责任公司
成 品 尺 寸	170 mm × 230 mm
印　　　张	6
字　　　数	121 千字
版　　　次	2014 年 6 月第 1 版
印　　　次	2014 年 6 月第 1 次
书　　　号	ISBN 978-7-5643-3086-6
定　　　价	25.00 元

前　言

　　尽管现代航空器性能不断提高，地面保障设备不断改善，但天气原因仍是影响飞行安全的重要因素之一，如颠簸、风切变、雷雨、结冰、低云、低能见度等危险天气。对于冬季飞行来讲，影响飞行安全的重要天敌就是航空器结冰。结冰对航空器的安全性和正常性有很不利的影响，积冰会使机翼变形，破坏空气绕过翼面的平滑流动，使航空器升力减小，阻力增大，爬高速度、升限和最大飞行速度降低，失速空速增大，燃料消耗增加，机动性能和着陆性能变差。如果机翼积冰较厚，会使飞机重心前移，产生下俯力矩；如果水平尾翼积冰，除影响飞机航向外，在着陆时会产生下俯力矩，导致机头下俯。其次是航空器空速管和静压孔积冰，这两处积冰，会使空速表、气压高度表以及升降速度表等重要仪表失真，甚至完全失效。这是极其危险的，因为航空器可能已进入危险状态而飞行员却未觉察。

　　本书较为系统地阐述了航空器结冰的危害，介绍了航空器营运人制订除冰/防冰大纲的依据、除冰/防冰培训大纲的基本要求、地面除冰/防冰的基本知识、地面除冰/防冰的程序，以及对特定型号的 CESSNA525 飞机和 MΛ600 飞机的除冰/防冰操作，同时对航空器除冰防冰设施设备的操作使用进行了说明。

　　本书主要为航空器除冰/防冰地面人员提供工作指导，同时对飞行机组人员执行航空器冰冻污染物的检查和判定提供参考。

　　由于时间仓促，加之作者水平有限，书中不足之处敬请读者批评指正。

聂　挺

2014 年 2 月

目 录

1

除冰/防冰大纲

1.1 依　据

1.1.1　CCAR121.649 条规定

当机长或者飞行签派员认为，在航路或者机场上，预料到的或者已遇到的结冰状况会严重影响飞行安全时，任何人不得签派或者放行飞机继续在这些航路上飞行或者在这些机场着陆。

当有理由认为霜、冰、雪会附着在飞机上时，任何人不得签派或者放行飞机或者使其起飞，但该合格证持有人在其运行范围中具有经批准的地面除冰防冰大纲，并且其签派或者放行、起飞都符合该大纲要求的除外。

1.1.2　AC-121-50《地面结冰条件下的运行》中的各项规定

1.1.3　《中华人民共和国民用航空行业标准》第 19 部分"民用航空器除冰、防冰液的使用"（MH/T 3011.19—2006）

1.1.4　CCAR 91R2.1027 条规定

霜、雪或黏附在机翼、安定面、操纵面、螺旋桨、风挡或动力装置上，或者黏附在空速、高度、升降率或飞行姿态仪表系统的机外部件上时，驾驶员不得驾驶飞机起飞。

1.2　规章要求

为确保运行的飞机在地面遇有结冰情况都能安全飞行，执机单位除冰/防冰应至少包括 CCAR121.649 条(c)款和 CCAR91R2.1027 条规定的项目，还应包含咨询通告 AC-121-50《地面结冰条件下的运行》中的各项规定。

1.3　地面除冰/防冰职责

1.3.1　执机单位飞行部门职责

（1）要求组织飞行人员进行除冰和防冰作业的初始培训和年度复训工作。
（2）保管飞行人员培训记录。

1.3.2　飞行机组/机长的职责

（1）为有利于正确做出实施除冰或防冰的决定，在结冰条件下执行任务的飞行人员必须熟悉本单位除冰防冰手册的规定。
（2）机长应根据气象部门信息以及机务维修人员的飞机检查结果和机组飞行前对飞机外部初始检查结果，作出是否进行除冰/防冰的决定。
（3）机长在作出除冰决定后及时通知机务部门。
（4）机长应和地面飞机除冰小组共同确定最佳除冰时机。
（5）机长应在除冰/防冰作业前和机务人员协调，按机型《维护手册》和/或《飞行手册》的规定将飞机调整到除冰/防冰构型。
（6）机长应和地面飞机除冰小组共同确认防冰液的保持时间。
（7）机长可以选择通过地面机组与机长或其代表联合执行起飞前污染

物的检查。

（8）机长有权最终决定是否接受经除冰/防冰处理的飞机投入飞行。

1.3.3　执机单位机务工程部职责

（1）按本单位除冰防冰手册的要求组织本单位维修/勤务人员进行除冰和防冰作业的初始培训和年度复训工作。

（2）根据除冰/防冰需要，在进入除冰/防冰季节前做好除冰/防冰物资准备和工具、设备保养、计量工作，确保物资和工具、设备充足、可用；保证除冰防冰液有效、可用，并根据需要配置除冰防冰混合液并保持有效。

（3）根据机长除冰/防冰要求或除冰/防冰需要，组织成立除冰小组实施除冰/防冰作业。飞机在外站进行除冰/防冰时，负责与委托单位的协调和联络。

（4）负责与委托除冰/防冰单位签订符合本单位除冰防冰手册要求的"地面除冰防冰服务协议"，并保持有效。

（5）负责统一组织对除冰防冰委托单位的审核，并负责委托单位的"地面除冰防冰服务协议"的适航符合性审查。

（6）定期组织对委托实施除冰和防冰作业的协议单位人员进行初始培训和复训。

（7）每年对委托实施除冰和防冰作业的协议单位进行必要的审核。

（8）保管实施除防冰的机务维修人员的培训记录。

1.3.4　除冰小组/组长的职责

（1）进行飞机冰、雪、霜等的检查，将检查结果及时告知飞行机组；当判断条件不确定时，与机长进行商议，由机长决定是否进行除冰/防冰工作。并根据具体情况决定采取何种除冰/防冰方法。

（2）除冰组组长协助机长确定最佳除冰时机。

（3）依据执机单位机务工程部批准的"除冰防冰工作单"在飞行前实

施除冰作业。

（4）施工前应确认除冰/防冰液有效、可用，配制比例符合使用要求。

（5）组长是除冰/防冰操作现场的核心，负责组织、实施现场所有除冰/防冰操作，并对除冰/防冰代码负责。

（6）在除冰/防冰作业完成后由组长报告机组，共同确认保持时间。

（7）除冰/防冰实施时间和除冰/防冰代码填入飞行记录单。

（8）配合机组实施除冰/防冰后的检查和飞行前的污染物检查。

（9）组长应对除冰/防冰作业区域和作业人员的安全保障做出恰当的安排。

（10）确保所有设备均被补充、清洁和贮存就绪，以备下一次操作时使用。

1.3.5　执机单位空管情报部门的职责

应根据需要对即将到来的天气状况颁发通报，并对受影响的航站发布适当的预报。

1.4　地面除冰/防冰工作的委托

（1）当执机单位的运行范围涉及可能导致地面结冰条件下运行的航站时，执机单位委托其他地面服务机构对飞机进行地面除冰/防冰工作，必须签订正式的地面服务协议。

（2）被执机单位委托提供地面除冰/防冰服务的机构应当具备满足委托方要求的设备、器材、人员和相应的管理文件，经过委托方维修质量管理部门的审核。

（3）在需要时，应对被委托机构的相关人员进行必要的培训，当被委托方有经过批准的"地面除冰防冰手册（大纲）"时，可仅对要求的差异部分进行培训。

（4）所签订的地面除冰/防冰服务协议应当至少包括如下内容：

① 协议双方的单位名称和地址；

② 协议提供地面除冰/防冰服务的地点；

③ 启动地面除冰/防冰服务的程序；

④ 实施地面除冰/防冰过程中的协调和联络方法；

⑤ 委托方提供必要工作程序、标准和培训的说明；

⑥ 地面除冰/防冰服务有关的设备、材料、人员资格和工作标准的控制责任；

⑦ 协议双方地面除冰/防冰有关设备、材料、人员、工作程序和标准变化时通报信息的责任和程序；

⑧ 协议双方授权签署人员的姓名和签字。

（5）无论上述协议中对地面除冰/防冰的相关责任如何规定，飞机的适航性责任由执机单位承担，为此，该次飞行任务的机长具有是否起飞的最终决定权。

2

培训大纲

2.1 CCAR121.649 条的要求

CCAR121.649 条的要求包括对飞行机组成员的初始、年度定期地面训练和检查，对机务人员、委托单位人员等其他有关人员的资格审定。训练和检查的内容包括以下经批准大纲中的具体要求和人员职责等方面：

（1）保持时间表的使用；

（2）飞机除冰/防冰程序，包括检验、检查程序和职责；

（3）通信程序；

（4）飞机表面污染物（即附着的霜、冰或雪）和关键区的识别，以及污染物严重影响飞机性能和飞行特性的说明；

（5）除冰和防冰液的型号与特性；

（6）寒冷天气飞行前飞机检查程序；

（7）在飞机上识别污染物的技术。

2.2 培训基本要求

（1）各执机单位应当对飞行机组和机务人员（包括协议服务单位的机务或勤务人员）进行地面除冰/防冰的初始培训和复训，以确保其了解和掌握相应的知识、技能、程序和职责。

（2）执机单位涉及除冰/防冰的相关部门，必须制订除冰/防冰培训计划，并在季节开始前及时完成。

（3）新从事除冰操作的人员应接受完整的初始培训。从事除冰操作的人员在经过初始培训之后必须参加年度复训。

2.3   初始培训大纲

地面除冰/防冰的培训内容和对应的人员应当至少满足如下规定：

2.3.1   航空器表面污染物的影响

适用于飞行机组，包括但不局限于下述内容：

（1）升力损失、阻力和重量增加的影响；

（2）操纵效能降低和起飞离地过程中出现非指令迎角变化和滚转的影响；

（3）失速迎角降低并且在失速保护系统工作之前进入失速的影响；

（4）航空器关键表面的识别，包括可能造成发动机外来物损伤影响的表面、冲压空气进口、仪表信号源、机翼前缘装置、翼尖小翼和其他适航指令规定的表面等；

（5）航空器安全区域和人可踩踏的区域。

2.3.2   地面结冰条件（实施除冰/防冰程序的条件）和获得最新气象信息的途径

适用于飞行机组和机务人员，包括但不局限于下述内容：

（1）飞行中积冰（如计划较短时间内再次飞行，并且地面温度处于或低于结冰点）；

（2）霜，包括白霜；

（3）冰冻物（能够附着在航空器表面的雪、冻雨或冰雹）；

（4）冻雾；

（5）湿冷机翼上的雨或水汽；

（6）湿冷机翼油箱上的雨或水汽；

（7）机翼下的霜；

（8）失去效应的除冰/防冰液。

2.3.3 除冰/防冰工作程序

适用于飞行机组和机务人员，具体内容参见本单位除冰防冰手册中的相应规定。

2.3.4 除冰/防冰液的特征和性能

适用于飞行机组和机务人员，至少包括如下内容：

（1）除冰/防冰液的说明、成分和外观；

（2）不同型号除冰/防冰液的区别、用途和性能；

（3）除冰/防冰液的制造厂家和制造规范；

（4）除冰/防冰液的使用方法和温度要求。

2.3.5 除冰/防冰液的存储和处理

适用于机务人员，包括液体的存储条件、测试和取样要求、超出存储条件的处理等内容。

2.3.6 除冰/防冰设施的使用

适用于机务人员，包括不同型号设备的使用说明（如除冰车、平台和红外设备），使用训练和应急处置程序等。

2.3.7   除冰/防冰液的预计保持时间

适用于飞行机组和机务人员，内容应当至少包括：

（1）保持时间的定义；

（2）保持时间的开始计算时间；

（3）使用保持时间的限制和警告措施；

（4）不同型号液体和气象条件与保持时间的对应关系；

（5）为适应气象条件变化调整保持时间的方法。

2.4   复训培训

（1）应当在每年进入预计的地面结冰条件下运行前对有关的飞行机组和机务人员进行除冰/防冰所要求的知识、技能、程序的复训。

（2）复训还应强调程序方面的变化和纳入地面除冰/防冰操作方面的最新信息。在除冰季节开始之前，还应分发复习地面除冰程序的信息通告，并提供没有包括在年度复训中的新材料。在一个除冰季期间或两次复训之间对除冰/防冰程序所做的任何修改。

2.5   协议服务单位/第三方培训

（1）在将除冰/防冰服务外委出去的航站，协议服务单位的培训方案和操作标准必须符合执机单位《除冰防冰手册》的标准。

（2）如果除冰服务提供方的除冰/防冰方案（手册）满足执机单位的要求，则不要求对其进行培训。不过，执机单位可以选择向协议服务单位提供一份差异说明或信息函件，概述所关心的各个领域。如果除冰服务提供方的除冰/防冰方案（手册）不满足执机单位的要求，执机单位应提供对其相关人员的培训，以使委托的协议方有资格向执机单位提供除冰/防冰服务。

2.6　其他营运人的除冰服务

（1）在向其他营运人提供除冰/防冰服务时，航站将在满足所有运行安全要求的条件下，按照该营运人的规范和程序进行。必要时，应由该营运人对航站参与除冰/防冰操作的人员进行培训。

（2）对经除冰/防冰后的飞机的接收检查，应是该营运人的机长或其委派的航站代表的责任。

（3）在任何情况下，只要由航站提供除冰/防冰委托服务，航站和该营运人之间必须签署相关协议。

2.7　教员培训

各执机单位将为除冰/防冰培训教员提供年度培训，以复习并执行新的政策和程序，从而再次证明教员的合格性。

2.8　培训记录管理

对于执机单位各部门人员（所有飞行人员和机务人员）的地面除冰/防

冰知识培训（包括复训）档案应由各部门各自建立培训记录档案，管理培训
记录。

　　协议服务单位有关人员的培训记录可按照除冰/防冰协议的规定由协
议服务单位自行保存，执机单位应保存一份协议服务单位人员培训记录的
复印件或协议单位出具的培训证明文件。

2.9　培训效果评估

　　执机单位应当对上述培训的有效性进行评估，评估可以采取监督培训
和考试过程、抽查提问或者在地面结冰条件下运行的现场检查等方式并记
录。当通过评估发现普遍存在达不到能有效保证地面结冰条件下运行时，
执机单位应当重新组织培训。对协议单位的评估工作由执机单位负责。

3

地面除冰/防冰的基本知识

3.1　定　义

1. 起飞前检查

起飞前检查是指飞机在除冰/防冰后的保持时间内，由机长检查飞机的机翼或有代表性的表面，看是否附着霜、冰、雪。

2. 起飞前污染物检查

起飞前污染物检查是指机组与地面人员在起飞前 5 分钟内所进行的检查，以确证机翼、操纵面与其他关键表面未附着霜、冰、雪。如果检查是在过了保持时间后进行，机组或具有上岗证的维修人员须按飞机特定的程序实施检查，以确证机翼、操纵面与其他关键表面无霜、冰、雪。

3. 污染物

污染物指附着在航空器关键表面上的霜、冰或雪。

4. 初始检查

初始检查是指在飞机外部进行的检查。外部检查包括对机翼前缘与机翼上表面进行的触摸检查，确保机翼、操纵面与其他关键表面上无污染物。

5. 关键表面

关键表面是指起飞前不得有冰、雪、半融雪或霜的飞机表面。关键表面由飞机制造人确定，通常包括机翼、操纵面、螺旋桨、发动机进气口、发动机装于后部的航空器的机身上表面、水平安定面、垂直安定面或航空器的任何其他稳定性表面。

6. 保持时间

保持时间是指除冰/防冰液防止在飞机受保护表面结冰或结霜、积雪的预计时间。保持时间开始于最后一次应用除冰/防冰液的开始时刻，结束于应用在飞机上的除冰/防冰液失效的时刻。

7. 除　冰

为使飞机获得清洁的表面,从飞机上清除霜、冰、雪的过程称为除冰。除冰工作可以通过机械方法完成,也可以通过风力方法或通过使用经过加热的液体实现。在非常冷的条件下或确定冻结的污染物没有附着在飞机表面上时,机械方法可能是首选方法。在使用经过加热的液体并希望获得最佳的热量传递时,应按照经批准的营运人程序和液体制造商的建议,在距飞机表面一定距离处施用。

8. 防　冰

防冰是指在有限的时间(即保持时间)内为处理过的飞机表面提供保护,阻止形成霜、冰或积雪的一种预防措施。

9. 除冰/防冰

除冰/防冰是指除冰过程和防冰过程结合在一起的程序,可以通过一步或两步完成:

(1)一步除冰/防冰。

即通过使用加热的防冰液完成。液体被用来除去飞机上的冰,并保留在飞机表面以防止结冰。可以使用汽车工程师学会(SAE)/国际标准化组织(ISO)的Ⅰ、Ⅱ、Ⅲ和Ⅳ型液体,但Ⅰ型液体所提供的保护低于Ⅱ、Ⅲ和Ⅳ型液体。

(2)两步除冰/防冰。

即包含两个分开的步骤。第二步(防冰)作为一次单独的液体施用在第一步(除冰)之后进行。除冰之后,单独喷洒一次防冰液以保护飞机的关键表面,从而提供最大的防冰保护。

10. 浸冷效应

如果经过高空飞行后刚着陆或刚添加了非常冷的燃油,从而使飞机中载有非常冷的燃油,则这时的飞机机翼称为"被浸冷的"。在地面上无论什么时候,如果降雨落在被浸冷的飞机上,都可能产生透明冰。即使环境温度在 − 2 ~ +15 ℃,如果飞机结构保持在 0 ℃ 或以下,在可见潮湿或湿度较高时，仍可能结冰或结霜。透明冰是非常难以通过目视检查发现的，并可能在起飞期间或之后破裂。以下因素有助于浸冷的产生：温度及各油箱中燃油的数量、各油箱的类型及位置、在高空飞行的时间、所添加燃油的温度及加油后的时间。

11. 透明冰

当机翼油箱中冷的燃油使机翼上表面处于冷的状态，使得降雨在与其接触时结冰，便会引起透明冰的产生。特别是对机翼，尤其是实际油箱的航空器型号，更容易产生这种现象。

12. 典型表面

典型表面是指在白天或夜间运行时能够被飞行机组容易并清楚地观察到，且适用于判断关键表面是否被污染的航空器表面。在对航空器除冰/防冰，最后一次喷洒液体时，必须首先处理典型表面。在不要求进行触摸检查时，对一个或多个典型表面的检查可用作起飞前污染物的检查。

13. 触摸检查

由合格人员通过身体进行的检查，目的是检查透明冰的形成，或在除冰之后、防冰之前检查某一特定表面的完整性。

14. 除冰/防冰构型

除冰/防冰构型是指为防止除冰/防冰液进入航空器内部而采取的措施，如关闭航空器机身的开口，调整启动的动力装置工作状态等。一般规定在该型航空器的机组操作手册和飞行手册中。

15. 局部除冰

局部除冰是允许营运人只对航空器受污染的部分除冰的经批准的除冰方法，不要求对整个表面喷洒液体。这种方法只有在特定的条件下才会被批准。

16. 微量结冰

结冰是可见的。结冰累积的速度稍大于升华的速度。供参考的典型结冰速度为外侧机翼小于 6 mm/h。飞行员在情况变得更糟之前应考虑脱离结冰条件。飞行员应该意识到任何结冰，即使是少量的，都有潜在的危险。

17. 活性霜

霜正在形成时的状态。在表面温度等于或低于 0℃ 以及在等于或低于露点时活性霜出现。

18. 细　雨

完全由密集的小雨点[直径小于 0.5 毫米（0.02 英寸）]组成的非常均匀的降雨。尽管与雾滴不同，细雨落到地面上，但细雨看起来随着气流飘浮。

19. 雾和地面雾

空气中使地球表面的水平能见度低于 1 千米的可见的微小水珠（小水滴）的集合。

20. 冻　雾

由过冷水滴形成的雾，在与暴露的物体接触时冻结形成一层结晶/透明冰。

21. 冰　点

冰点是指除冰液（浓缩的或调和的）将会冻结时的温度。

22. 冻雨和冰冻细雨

由过冷水滴构成的雨或细雨，接触任何表面时都会结冰。

23. 霜

霜指"白霜"，一种结晶形状的冰的沉积物，通常呈现垢状、针状或扇状。霜是通过凝华形成的，即当水蒸气沉积在温度处于冰点或冰点以下的表面上时直接形成的。

24. 燃油霜

燃油霜是由于浸冷的燃油对温度的影响而通常在油箱区域形成的霜。

25. 高湿度

高湿度是指相对湿度接近饱和时的大气状况。

26. 最低操作使用温度（LOUT)

最低操作使用温度是除冰/防冰液能够被喷洒到航空器上的最低外界大气温度。

27. 个人保护装置（PPE)

个人保护装置是为保证员工的安全和健康而提供的设备。

28. 降水强度

降水强度是单位时间内收集到的降水量的指标，表示为轻度、中度或重度。强度的定义与发生降水的类型有关，对于雨和冰丸，强度的定义基于下降率，而对于雪和细雨，强度的定义则基于能见度。下降率的标准是建立在时间的基础上的，并不准确描述某一特定观察时间时的强度。

29. 雨

雨是液态水珠形式的降水。或者以直径大于 0.5 毫米的水滴的形式，或者以较小的水滴的形式，但与细雨相比,水滴之间比较分散。

30. 折射计

折射计是用于检测除冰/防冰液浓度的仪器。读数校准为 Brix 度。

31. 雾 淞

雾淞是由过冷的雾或云中的水滴在温度低于或稍高于冰点的物体上冻结形成的冰的沉积物。它由疏松的颗粒组成，有时带有树枝状的结晶。

32. 剪 力

剪力是沿防冰液横向作用的力。在应用于Ⅱ型、Ⅲ型或Ⅳ型液体时，剪力会降低液体的黏度；当剪力不再起作用时，防冰液将恢复其黏度。举例来说，在液体被泵出、强迫通过开口或遇到气流时，剪力就会起作用。如果作用的剪力过大，稠化剂系统可能会永久性退化，从而使液体的黏度降至制造商设定的并经合格审定时检验的范围之外。由于这种原因而退化了的液体不可用于防冰操作。

33. 半融雪

水饱和雪，这种雪在以从脚跟到脚尖的顺序踩到地面上时会溅起来。

34. 雪

冰晶形式的降水，多数时呈六角星形树枝状。结晶或分散或凝聚成雪花。干雪 —— 在环境温度低于冰点时；湿雪 —— 在环境温度接近或高于冰点时。

35. 搬运箱

搬运箱是用于运输少量除冰液的塑料存储容器，也可用于暂时储存从除冰车上卸下的液体。

36. 可见潮湿

雾、雨、雪、雨夹雪、高湿度（凝结在表面上）、冰晶都可能在暴露并被其污染了的飞机、滑行道和跑道上产生可见潮湿。

37. 绝热冷却

绝热冷却是气团冷却的一个过程。当气团在上升的过程中，压力随着海拔升高而降低。压力的降低使气团体积膨胀，因为没有能量的增加，气团冷却以保证能量平衡。

38. 明　冰

明冰是光滑、透明或半透明的积冰，是由较大的过冷水滴以相对比较慢的速度冻结形成。术语"透明"和"光滑"基本上被用于同种类的积冰，但是也有人认为"透明"仅限于用于缺少棱角和附着于翼型上的薄冰。

39. 冷　锋

以冷空气取代暖空气方式移动的任何非锢囚锋。

40. 对　流

对流是大气主要在垂直方向上的运动，引起大气特性交错和混合。

41. 积　云

积云常被定义为以分离的拱形或塔状形式存在的云。积云是以上升云丘的形式垂直地发展，在膨胀云丘的上部好像花菜，被阳光照射的这部分云体通常是雪白明亮的。而底部可能相对阴暗且几乎是水平的。

42. 冻毛毛雨

毛毛雨在地面以降水、空中以液态水滴存在的，其直径介于 0.05 ~ 0.5 mm。冻毛毛雨是气温低于 0 ℃（过冷）的毛毛雨，仍以液态的形式存在，在地表或空中冻结在接触物上。

43. 冻　雨

雨在地面以降水、空中以液态水滴存在的，其直径大于 0.5 毫米。冻雨是气温低于 0 ℃（过冷）的雨，仍以液态的形式存在，在地面或空中冻结在接触物上。

44. 锋

锋是两个气团的分界，可分为冷锋、暖锋、锢囚锋和静止锋。

45. 严重结冰

快速积累的冰需要最大程度上使用结冰保护系统以使机身上的积冰减到最少。供参考的典型积冰速度为外侧机翼每小时大于 7.5 厘米。飞行员需要考虑立即脱离这种环境。

46. 冰　晶

高浓度的冰晶常被发现在对流天气系统附近，能在涡轮发动机中增加使得功率损失。通常冰晶并不能被传统的结冰探测器或机载雷达探测到，并且不会依附于机身外表面。其在层云和卷云中的浓度较低，对涡轮发动机不会造成威胁。

47. 结冰包线

这些结冰包线可以在 CCAR-2 部附件 C 中找到，用于飞机在结冰条件下飞行的认证。其中详细说明了依据高度、温度、液体含水量（LWC）和由中值体积直径（MVD）描述的液滴粒径的大气结冰情况。包线使用了平均有效直径（MED），但这等同于在当时包线建立时用于设备和当前假设的中值体积直径。有两种结冰条件：连续最大值和间断最大值。连续最大值用于层云，间断最大值用于卷云。

48. 撞　击

撞击是指液滴在飞机表面的碰撞和附着。撞击率是给一定大小的液滴冲击一个特定的表面的速率。通常大液滴的撞击率要高于较小液滴，比如天线。

49. 轻度结冰

这种结冰速度需要偶尔循环使用手动除冰系统以减少机身上结冰的形成。供参考的典型结冰速度为外侧机翼为每小时 0.6 ~ 2.5 厘米。飞行员应考虑脱离这种环境。

50. 液体含水量（LWC）

液体含水量是指在单位云量内的所有液体水滴的总含水量。讨论 LWC 常使用每立方米空气中含水总量。

51. 中值体积直径

中值体积直径是指在一个云体区域一半的液态水所包含的是小水滴，一半是大水滴。

52. 毛　冰

毛冰指的是雾凇和明冰同时出现，或形成有雾凇和明冰两种特征的结冰。

53. 中度结冰

中度结冰的速度需要频繁地循环使用手动除冰系统以减少机身上结冰的形成。供参考的典型结冰速度为外侧机翼为每小时 2.5 ~ 7.5 厘米。飞行员应尽快脱离这种环境。

54. 锢囚锋

冷锋追上暖锋使暖空气上升高于地表形成了锋。当一个气团被挤在两个冷气团之间被迫上到更高的高度,这就形成了锢囚（或锋面锢囚）。

55. 地形云

由气流沿着上坡地形并被绝热冷却而形成的云称为地形云。

56. 外界大气温度

测量或指示大气温度修正了压缩和热摩擦,也被称为真正的大气温度。

57. 槽形结冰

冻结的或重新冻结的水离开有防冰保护的表面去到未受保护的表面上所形成的冰称为槽形结冰。

58. 极严重结冰

冰快速累积以至于结冰保护系统不能除掉积累的冰，在通常不容易形成结冰的位置积冰。例如受保护表面的尾部区域或制造商确定的其他区域，必须从这种环境中马上脱离。

59. 滞　点

滞点是在表面上局部气流速度为零的点。最大结冰收集系数带接近这一点。

60. 静止锋

静止锋是基本很少或没有移动的锋，由两个相反作用力的气团达到平衡所形成。

61. 层　云

形成有相同底层层次的云称为层云。层云以不规则破碎云块出现并可能伴随有毛毛雨、雨或雪。

62. 升　华

升华是指冰没有变成液态而直接变成水蒸气的过程。过冷大水滴（SLD），直径超过 50 微米（0.05 毫米）的过冷液滴。SLD 条件包括冻毛毛雨滴和冻雨滴。

63. 总　温

运动升温使总温（TAT）温度高于静温。TAT 接近机翼前缘温度，机翼前缘也会出现冲压温度上升。

64. 暖　锋

以暖空气取代冷空气方式移动的任何非锢囚锋。

65. 白洞效应

白洞效应是指一种由于大朵浓密云团覆盖住积雪而产生的极地大气状况。此种情况下，来自上空的光线几乎与从下界映射的光线相等，特征为没有阴影，辨认不清地平线，只能认出非常黑的物体。

66. 假塑性

假塑性是指流体的黏度随剪应变率的增加而减小。拥有此种性质的流体属于非牛顿流体，其剪应力与剪应变率之间的关系可通过幂律函数来表示。熔岩、番茄酱、生奶油、血液、颜料、指甲油等都有假塑性，假塑性又称为剪切稀化。

3.2　地面结冰的气象条件

3.2.1　结冰条件

一般情况下地面结冰是指外界大气温度在 5 ℃ 以下，存在可见的潮气

（如雨、雪、雨夹雪、冰晶、有雾且能见度低于 1.5 千米等）或者在跑道上出现积水、雪水、冰或雪的气象条件，或者外界大气温度在 10 ℃ 以下，外界温度达到或者低于露点的气象条件。

3.2.2　霜（包括积霜）

霜是表面温度在 0 ℃ 或 0 ℃ 以下，由水蒸气形成的一种晶状沉积物。

3.2.3　冰　雾

冰雾是一种特冷的水滴，寒冷天气时在物体上形成的一种晶状沉积物。

3.2.4　雪

雪是以片状小冰晶的方式降落，可以聚集在飞机的表面。

3.2.5　冻　雨

冻雨是大气中水蒸气的冷凝水以特冷的水滴落到地球上，在物体上形成一层冰帽。

3.2.6　冰冷机翼上的雨水或高湿度

当飞机机翼表面的温度在 0 ℃ 或 0 ℃ 以下时，可由雨水或潮气在机翼上表面形成一层冰。

3.2.7　薄的白霜

通常是在寒冷无云的夜里在暴露表面上均匀形成的典型的白色晶体。它相当薄，可以通过覆盖在下面的操纵面特征（条纹或标记）区分开。

3.3　结冰对飞机性能的影响

当飞机升力面被霜、雪和冰污染，将会增加飞行时的阻力，减小升力，并增大失速的可能性，这就减小了危险飞行条件下的安全裕度。本节简要介绍结冰对飞机性能的影响，以增强对开展除冰/防冰工作的认识。

3.3.1　飞机在地面结冰

地面结冰时，冰的聚积常常是不对称的，冰首先在迎风的一面开始冻结，致使飞机表面上冰层的厚度不一样。这种结冰对飞机的安全性和正常性有很不利的影响，即使是不大的聚积，也能使飞机空气动力特性显著变坏，甚至一薄层霜也会有很大影响。经飞行试验表明，在机翼上只有 0.1 英寸（2~3 毫米）一层霜，会使失速速度增加约 35%，起飞滑跑距离增长达 1 倍。

当结冰的飞机起飞时，气流会从机翼上过早地和明显地分离。飞机在爬高开始时是用较大的迎角飞行的，而结冰的飞机以很大的迎角飞行是很危险的。结冰的飞机的离地升力系数比正常飞机小 15%~20%。如果由于某种原因，速度达到离地速度时，升力系数尚未达到离地升力系数，那么为了增大升力，或者靠增大起飞滑跑长度继续提高速度，或者增大迎角。但是要增加起飞滑跑距离，跑道长度可能是不够的，而迎角增大到临界迎角则可能使机翼气流分离，反而使升力下降，阻力增大。

3.3.2　升力面结冰

　　飞机升力面主要是指机翼和尾翼。当它们结冰时能使飞机的空气动力特性和飞行特性显著变坏。由于结冰，流线型部位的形状发生变化，使翼型失真，导致摩擦阻力和压差阻力都增大。根据飞行试验，机翼、尾翼结冰时，其阻力增加占飞机因结冰引起总阻力增加的 70% ~ 80%。
　　机翼和尾翼的临界迎角，由于结冰而减小，对于低速飞行，特别是对于着陆，是非常危险的。飞机处于着陆前状态，其水平尾翼是在很大的负迎角下与迎面气流相遇。这个角度与水平安定面的安装角和机翼后面的下洗流有关。当水平安定面前缘结冰时，水平尾翼的临界迎角减小。一旦尾翼失速，飞机将失去俯仰平衡。水平尾翼前缘结冰还能大大改变飞机的纵向稳定性，使驾驶员操纵飞机时用的杆力和杆力方向与正常情况相差很大，在起飞和着陆时，如操纵不当，有可能造成人为事故。

3.3.3　发动机进气道及动力装置结冰

　　进气道结冰可以导致内表面气动特性的恶化，使进气速度场分布不均匀和使气流发生局部分离，这会引起压气机叶片的振动。如进气道内的冰层脱落，会随气流进入发动机的压气机，造成压气机的机械损伤。
　　发动机压气机的叶片上的冰层会因离心力的作用而脱落，这能引起转子转动的不平衡和动力装置的剧烈振动。叶片结冰还使进入压气机的空气流量降低，引起发动机推力下降。
　　总之，发动机进气道及进气部件结冰，轻者会使发动机功率降低，重者能造成发动机的损坏。

3.3.4 风挡、天线、空速管等结冰

风挡玻璃结冰，能大大降低其透明度，使目视飞行十分困难，这在起飞和着陆时是很危险的。

天线上的结冰有可能使无线电通信中断。强烈结冰能使天线同机体相接，发生短路，致使无线电航行设备失灵。

当空气压力感受器（全、静压管）结冰，将导致速度表、高度指示器、迎角指示器、升降速度表、M数指示器这样一些重要驾驶仪表失效。

3.3.5 残留除冰/防冰液的影响

在飞机翼型上，经除冰/防冰后残留的除冰/防冰液对飞机起飞性能的影响如何？经广泛的测试，在所有类型条件下使用所有类型液体时，飞机表面所形成的液膜对升力的减小影响很小，这已为所有的飞机制造商和中国民用航空局所接受。因此机组按性能计算起飞各速度的方式，足以保证目前所运行的飞机是安全的。

在过去，飞行员担心起飞时Ⅱ型防冰液掉落在跑道上可能会使跑道上着陆飞机引起制动性能的降低。测试演示证实，起飞滑跑时此类液体将汽化和消散。剩余的一点没有蒸发的除冰液会在起飞中，由机翼产生在翼尖上的漩涡甩到两旁。在起飞后60秒左右，所有剩余液体都会掉落。

3.4 除冰/防冰液的分类和使用

所有飞机上必须使用经中国民用航空局适航部门批准的专用除冰和防冰液进行除冰/防冰工作。各执机单位涉及除冰/防冰工作的人员，包括飞行人员主要将会遇到四种不同的除冰/防冰液，即"Ⅰ型"除冰液、"Ⅱ型"防冰液、"Ⅲ型"防冰液和"Ⅳ型"防冰液。

3.4.1 除冰/防冰液的分类

1. 除冰液的种类

目前通常使用的除冰液种类包括：

（1）热水；

（2）Ⅰ型除冰液；

（3）水和Ⅰ型除冰液的混合液；

（4）水和Ⅱ型防冰液的混合液；

（5）水和Ⅲ型防冰液的混合液；

（6）水和Ⅳ型防冰液的混合液。

注：没有稀释的Ⅱ、Ⅲ、Ⅳ型防冰液通常不作为除冰液使用。

2. 防冰液的种类

目前通常使用的防冰液种类包括：

（1）Ⅰ型除冰液；

（2）水和Ⅰ型除冰液的混合液；

（3）Ⅱ型防冰液；

（4）水和Ⅱ型防冰液的混合液；

（5）Ⅲ型防冰液；

（6）水和Ⅲ型防冰液的混合液；

（7）Ⅳ型防冰液；

（8）水和Ⅳ型防冰液的混合液。

注：当Ⅰ型除冰液作防冰目的使用时，效果有限，得到的保持时间短。为了取得最佳的防冰效果，可使用稀释的Ⅱ、Ⅲ、Ⅳ型防冰液。

3.4.2　Ⅰ型除冰液

Ⅰ型除冰液是乙二醇（即甘醇），这些甘醇混合物通常是当场和热水混合而成，这样可使液体的性能适合于要求。除此以外，它还含有润湿剂和防腐剂成分。虽然它们有些防冰功能，通常把它作为除冰液。

除冰液应在相对高的温度下使用，它可使污染物即刻融化。甘醇溶液会使液体结冰点温度降至环境温度以下。这就是乙二醇和水混合物的优越性。乙二醇与水的比例浓度越高，液体结冰点越低。这种液体总是被混合在一起针对现有和可预测条件，以提供最低温度的再结冰的裕度。

对于Ⅰ型除冰液，由于乙二醇和水的比例不是用来确定保持时间的，尽管乙二醇和水的比例是给飞行员除冰后报告中的内容，但这个混合度对于飞行员无实际意义。

3.4.3　Ⅱ型防冰液

Ⅱ型防冰液主要是由丙二醇和增稠剂组成。大多数除冰液制造厂采用丙二醇（而不是乙二醇）是因为它毒性低，通常用作防冰液。其黏度随运动成函数变化。就是说，这种液体在静态时黏度最大，随着所处环境中液体的流动，它的黏性下降。

当液体离开喷射口后，它的动能减弱。所使用的这种液体在它与飞机表面接触后，随着减缓流动增加黏性，直至形成一层膜。当起飞开始时，随飞机速度的增大引起液体的黏性下降，使薄膜液化流离飞机。也许会有一些剩余液体在起飞抬起机头时会保留在机翼上。但大部分关键部件，前缘区域都会完全消除污染物。

3.4.4　除冰/防冰代码

除冰/防冰代码代表了对飞机除冰/防冰的质量，当飞机完成除冰/防冰工作后，在飞行记录本上记录使用的除冰/防冰液时，应使用以下标准代码：

（1）"Ⅰ型除冰液"表示使用Ⅰ型除冰液。

（2）"Ⅱ型防冰液100"表示使用100%的Ⅱ型防冰液。

（3）"Ⅱ型防冰液75/25"表示使用75%容积的Ⅱ型防冰液与25%的水的混合溶液。

（4）"Ⅱ型防冰液50/50"表示使用50%容积的Ⅱ型防冰液与50%的水的混合溶液。

注1：所有混合溶液均以容积为计量单位，首先列出的是防冰液所占容积的百分比，例如，75/25 表示 75%的防冰液与 25%的水的混合溶液。

注2：Ⅱ型防冰液可以使用100%浓度或用水稀释后使用。对于机组来说Ⅱ型防冰液的稀释量是很重要的，它决定了有效的保持时间的长短。这是Ⅱ型和Ⅰ型稀释最大不同之处。

维修人员应向机组报告使用该型防冰液时，防冰液和水的比例。

注3：防冰液十分适合飞机在地面停留时间较长时作防冰运用。在飞机上的液体膜能防止霜或雪在飞机上结冰；而这些冰霜相反就积在除冰液层的上面。这样可在飞机起飞前加快完成最终的除冰处理。

3.4.5 使用除冰/防冰液的限制

1. 温度限制

（1）Ⅰ型除冰液。

当使用Ⅰ型除冰液进行一步除冰/防冰时，Ⅰ型混合除冰液的冰点必须至少低于外界温度 10 ℃。当进行两步除冰/防冰时，第一步使用的除冰液的冰点不准超过外界温度 3 ℃。

（2）Ⅱ型防冰液。

当使用100%的Ⅱ型防冰液（浓缩液）作防冰液时，它的低温使用极限为 - 25 ℃。

2. 有关飞机的限制

使用 100%的Ⅱ型防冰液（浓缩液）或 75/25 混合液时，飞机的抬头速度（v_r）应大于 85 海里，保证飞机在起飞滑跑过程中足以吹掉防冰液。

3.5 除冰/防冰的方法

3.5.1 一步除冰/防冰

使用加热的防冰液除去飞机表面的冰，保持在飞机表面上的液体将提供有限的防冰能力。要求根据需要的保持时间、外界大气温度和气象条件，选择正确的除冰液。

这个过程只包括使用液体的单一步骤。通常适用于结冰不严重的条件下，它的主要目的是为了飞机除冰，而非提供长时期的防冰保护。这个过程通常包括在飞机上喷洒加热的 I 型除冰液的混合溶液，达到去除污染物和提供短时期防冰保护的目的。在某些情况下，也可使用加热和稀释过的 II、III、IV 型防冰液。

3.5.2 两步除冰/防冰

两步除冰/防冰是由两种不同的步骤组成。第一步根据外界大气温度选择正确的除冰液，使用热除冰液完成除冰工作。第二步根据防冰液的保持时间、外界大气温度和气象条件选择正确的防冰液，使用防冰液完成防冰工作。在第一步的除冰液结冰前完成第二步的防冰工作（时间在 3 分钟之内），需要时可一个部位一个部位地操作，如果发现飞机重要部位又发生结冰，必须重复完成第一步的除冰工作。

如果飞机起飞延误，需要再一次除冰/防冰时，在喷洒防冰液前，飞机一定要完全除冰。也就是说，在喷洒新液体之前去除所有"旧"的液体。随后也可再一次选择施用"一步"还是"两步"去除法。

3.5.3 冰的清除方法

如果发现结成冰层，可使用加热的液体破坏冰层，即在近距离直接将热的除冰液喷射到一点，直至暴露裸露飞机表面为止，通过裸露点向所有方向传递热量，破坏冰层；然后，通过上述方法的多次重复，破坏附着在飞机表面的大面积冻雪或者光滑的冰层；最后，根据冰的堆积量使用高速或低速喷射液体将附着物清除干净。严禁使用工具敲击、刮铲的方法除冰。

3.5.4 除冰液使用指南（见表 3.1）

表 3.1 Ⅰ型除冰液使用指南

环境温度/°C	一步除冰/防冰	两步除冰/防冰	
		第一步：除冰	第二步：防冰*
≥ - 3	除冰液与水的混合液应加热至喷嘴处溶液温度大于 60 °C，混合液的冰点至少应低于外界大气温度 10 °C	用加热的水或除冰液与水的混合液，喷嘴处溶液温度应大于 60 °C	混合液的冰点至少低于外界大气温度 10 °C
< - 3		除冰液与水的混合液的冰点不应高于外界大气温度 3 °C	

1. 温度上限不应超过除冰液和航空器制造厂家的建议。

2. 若在下雪条件下使用Ⅰ型液的保持时间指南，喷洒在已除冰航空器表面的量应至少为 1 L/m²。

3. 本表在采用Ⅰ型液保持时间指南时使用。如果没有推荐的保持时间，喷嘴处液体温度也应保持在 60 °C。

4. 机翼表面温度可能低于环境温度，在此情况下应使用更浓的混合液（更多除冰液）。

注：最小浓度与外界大气温度有关，浓度用体积的百分比来表示。

3.5.5　防冰液的使用指南（见表 3.2）

表 3.2　Ⅱ型、Ⅲ型和Ⅳ型防冰液使用指南

环境温度/°C	一步除冰/防冰	两步除冰/防冰	
		第一步：除冰	第二步：防冰*
≥ -3	加热的Ⅱ型、Ⅲ型或Ⅳ型防冰液 50/50	用热水或加热的Ⅰ型、Ⅱ型、Ⅲ型或Ⅳ型除冰液与水的混合液	Ⅱ型、Ⅲ型或Ⅳ型防冰液 50/50
-3～-14（含）	加热的Ⅱ型、Ⅲ型或Ⅳ型防冰液 75/25	加热的Ⅰ型、Ⅱ型、Ⅲ型或Ⅳ型液与水适当比例的混合液，其冰点不超过环境温度 3 °C 以上	Ⅱ型、Ⅲ型或Ⅳ型防冰液 75/25
-14～-25（含）	加热的Ⅱ型防冰液 100/0		Ⅱ型、Ⅲ型或Ⅳ型防冰液 100/0
<-25	只要液体的冰点至少低于外界大气温度 7 °C，而却满足气动验收标准，Ⅱ型、Ⅳ型液可在 -25 °C 以下使用；只要液体的冰点至少低于外界大气温度 7 °C，而且满足气动验收标准，Ⅲ型液可以在 -10 °C 以下使用；当不能使用Ⅱ型、Ⅲ型或Ⅳ型液时，可考虑使用Ⅰ型液		

1. 对于加热的除冰液，在喷头处的液体温度不应低于 60 °C。温度上限不应超过除冰液和航空器制造厂家的建议。

2. 机翼表面温度可能低于外界温度，在此情况下应使用更浓的混合液（即更多的除冰液）。

3. 当油箱区域下部显示有霜或冰时，不应使用 50/50 Ⅱ型防冰液对机翼进行防冰，因为防冰液有可能结冰。

4. 当防冰液的使用量不足，尤其是在二步法防冰的第二步以及使用Ⅰ型液与水的混合液进行第一步除冰时，可能引起防冰保持时间损失。

注：最小浓度与外界大气温度有关，浓度用体积的百分比表示。

*第一步的除冰液冻结之前使用，一般在第一步完成后 3 min 内。对干净的航空器可用未加热的除冰液进行防冰

注：当Ⅰ型除冰液作防冰目的使用时，仅有有限的效果，只能得到最短的保持时间。为了取得最佳的防冰保护效果，可使用稀释的Ⅱ型、Ⅲ型或Ⅳ型防冰液。

3.6 除冰/防冰液的保持时间

3.6.1 确定保持时间的数据来源

执机单位必须按照局方可接受的数据，制定所使用的除冰/防冰液预计的保持时间，局方可接受的数据来源：

（1）除冰/防冰液制造厂家说明书规定的数据；

（2）航空器制造厂家手册规定的数据；

（3）民用航空器维修行业标准 MH/T3011.19"民用航空器除冰/防冰液的使用"推荐的数据。

3.6.2 使用保持时间的规定

（1）除冰/防冰液的预计保持时间，从最后一步使用除冰/防冰液的开始时刻开始计算，并且不能超出上述局方可接收数据的范围。

（2）除冰/防冰液的保持时间可能因气象条件、使用方法和存放控制等条件的不同而达不到预计的保持时间，因此，无论是否超出预计的保持时间，在起飞前都应进行以下必要的检查：

① 经起飞前污染物检查，查明机翼、安定面、操纵面、螺旋桨、风挡或动力装置、发动机进气口、冲压空气入口、滑油和燃油通气管以及空速、高度、升降率或飞行姿态仪表系统的机外部件等关键部位没有霜、冰或雪。

② 机翼、操纵面和其他关键表面已重新除冰，并确定了新的保持时间。

3.6.3　除冰液保持时间

目前国际通行的除冰/防冰液国际标准有 3 类，分别为：ISO、SAE 和 AEA。不同生产厂家生产的除冰/防冰液可能依据其中某个国际标准生产。在使用除冰液时须参照除冰/防冰液生产厂家给出的保持时间表判断除冰液保持时间。

下面列出了 3 类国际标准保持时间表，可供学习和参考。

1. ISO 国际标准（见表 3.3～3.5）

表 3.3　ISO Ⅰ型混合液作为天气条件及 OAT 的函数时预计保持时间指南

外界大气温度（OAT）	不同天气条件下持续效应时间的大约值（小时:分钟）						
	霜[*1]	冻雾	雪	冰冻细雨[*2]	小冻雨	雨落在浸冷的机翼上	其他[*3]
0 ℃（32 ℉）以上	0:45	0:12—0:30	0:06—0:15	0:05—0:08	0:02—0:05	0:02—0:05	
0～−10 ℃（32～14 ℉）	0:45	0:06—0:15	0:06—0:15	0:05—0:08	0:02—0:05	注意：无持续效应时间指南	
−10 ℃（14 ℉）以下	0:45	0:06—0:15	0:06—0:15				

*1. 适用于为防止"活性霜"而对航空器提供保护的天气条件。

*2. 如果不能明确识别为"冰冻细雨"，则使用"小冻雨"的持续效应时间。

*3. 其他天气条件指：大雪、雪丸、冰丸、冰雹、中冻雨和大冻雨。

注 1：选用 ISO Ⅰ型液/水混合液以使混合液的冰点至少在实际 OAT 的 10 ℃（18 ℉）以下。

注 2：在地面除冰/防冰时使用的 ISO Ⅰ型液体并不是为了而且也不能够在飞行中提供结冰保护。

注意：恶劣的天气条件将会缩短保护时间。大降水率或高湿度、大风或喷气发动机的喷射气流都可能使持续效应时间低于上述范围。飞机蒙皮温度低于 OAT 时，持续效应时间也可能缩短。因此，上述时间只能与起飞前检查结合起来使用

注：OAT—外界大气温度；℃—摄氏度；℉—华氏度。

表 3.4 ISO Ⅱ型混合液作为天气条件及 OAT 的函数时预计保持时间指南

外界大气温度（OAT）	用纯液体/水(体积%/体积%)表示的 ISO Ⅱ型液的浓度	不同天气条件下持续效应时间的大约值（小时:分钟）					
		霜*1	冻雾	雪	冰冻细雨*2	小冻雨	雨落在浸冷的机翼上	其他*4
0 ℃（32 ℉）以上	100/0	12:00	1:05—2:15	0:20—0:15	0:30—1:00	0:15—0:30	0:05—0:40
	75/25	6:00	0:50—1:45	0:15—0:40	0:20—0:45	0:10—0:25	0:05—0:25
	50/50	4:00	0:15—0:35	0:05—0:15	0:05—0:20	0:05—0:10	
0 ～ −10 ℃（32 ～ 14 ℉）	100/0	8:00	0:35—1:30	0:20—0:45	0:30—1:00	0:15—0:30	注意:无持续效应时间指南
	75/25	5:00	0:25—1:00	0:15—0:30	0:20—0:45	0:10—0:25	
	50/50	3:00	0:15—0:35	0:05—0:15	0:05—0:20	0:05—0:10	
−3 ～ −14 ℃（27 ～ 7 ℉）	100/0	8:00	0:30—1:05	0:15—0:35	0:15—0:453	0:10—0:303	
	75/25	5:00	0:20—0:50	0:15—0:25	0:15—0:303	0:10—0:203	
−14 ～ −25 ℃（7 ～ −13 ℉）	100/0	8:00	0:15—0:20	0:15—0:30			
−25 ℃（−13 ℉）以下	100/0	在 −25 ℃（−13 ℉）以下可以使用 ISO Ⅱ型液，只要液体的冰点至少低于实际 OAT 7℃(13 ℉)并且满足空气动力学接受标准。在不能使用 ISO Ⅱ型液时，考虑使用 ISO Ⅰ型液（参见表 3.3）					

*1. 适用于为防止"活性霜"而对航空器提供保护的天气条件。

*2. 如果不能明确识别为"冰冻细雨"，则使用"小冻雨"的持续效应时间。

*3. 对低于 −10 ℃（14 ℉）的天气条件，无持续效应时间指南。

*4. 其他天气条件指：大雪、雪丸、冰丸、冰雹、中冻雨和大冻雨。

注：在地面除冰/防冰时使用的 ISO Ⅱ型液体并不是为了而且也不能够在飞行中提供结冰保护。

注意：恶劣的天气条件将会缩短保护时间。大降水率或高湿度、大风或喷气发动机的喷射气流都可能使持续效应时间低于上述范围。飞机蒙皮温度低于 OAT 时，持续效应时间也可能缩短。因此，上述时间只能与起飞前检查结合起来使用

注：℃—摄氏度；OAT—外界大气温度；℉—华氏度。

表 3.5　ISO Ⅳ型混合液作为天气条件及 OAT 的
函数时预计保持时间指南

外界大气温度（OAT）	用纯液体/水(体积%/体积%)表示的 ISO Ⅳ型液的浓度	不同天气条件下持续效应时间的大约值（小时:分钟）						
		霜*1	冻雾	雪	冰冻细雨*2	小冻雨	雨落在浸冷的机翼上	其他*4
0 °C（32 °F）以上	100/0	18:00	1:05—2:15	0:35—1:05	0:40—1:00	0:25—0:40	0:10—0:50	
	75/25	6:00	1:05—1:45	0:20—0:40	0:30—1:00	0:15—0:30	0:05—0:35	
	50/50	4:00	0:20—0:35	0:05—0:20	0:10—0:20	0:05—0:10		
0 ~ －10 °C（32 ~ 27 °F）	100/0	12:00	1:05—2:15	0:30—0:55	0:40—1:00	0:25—0:40		
	75/25	5:00	1:05—1:45	0:20—0:35	0:30—1:00	0:15—0:30		
	50/50	3:00	0:20—0:35	0:05—0:15	0:10—0:20	0:05—0:10	注意:无持续效应时间指南	
－3 ~ －14 °C（27 ~ 7 °F）	100/0	12:00	0:40—1:30	0:20—0:40	0:20—0:553	0:10—0:303		
	75/25	5:00	0:25—1:00	0:15—0:25	0:20—0:553	0:10—0:303		
－14 ~ －25 °C（7 ~ －13 °F）	100/0	12:00	0:20—0:40	0:15—0:30				
－25 °C（－13 °F）以下	100/0	在－25 °C（－13 °F）以下可以使用Ⅳ型液，只要液体的冰点至少低于实际 OAT 7°C(13 °F)并且满足空气动力学接受标准。在不能使用Ⅳ型液时，考虑使用Ⅰ型液（参见表3.3）						

*1. 适用于为防止"活性霜"而对航空器提供保护的天气条件。

*2. 如果不能明确识别为"冰冻细雨"，则使用"小冻雨"的持续效应时间。

*3. 对低于－10 °C（14 °F）的天气条件，无持续效应时间指南。

*4. 其他天气条件指：大雪、雪丸、冰丸、冰雹、中冻雨和大冻雨。

注：在地面除冰/防冰时使用的 ISO Ⅱ型液体并不是为了而且也不能够在飞行中提供结冰保护。

注意：恶劣的天气条件将会缩短保护时间。大降水率或高湿度、大风或喷气发动机的喷射气流都可能使持续效应时间低于上述范围。飞机蒙皮温度低于 OAT 时，持续效应时间也可能缩短。因此，上述时间只能与起飞前检查结合起来使用

注：°C—摄氏度；OAT—外界大气温度；°F—华氏度。

2. SAE 标准

SAE 标准的除冰/防冰液保持时间参见每年 FAA 发布的 "OFFICIAL FAA HOLDOVER TIME TABLES"，可以在下面的网址中下载。

http://www.faa.gov/other_visit/aviation_industry/airline_operators/airline_safety/deicing/index.cfm.

3. AEA（欧洲航空协会）标准（见表 3.6～3.9）

表 3.6　AEA I 型混合液的保持时间与气候条件和
环境温度的关系及应用指南

环境温度		不同天气状况下近似的保持时间（小时:分钟）						
°C	°F	活霜	冻雾	雪、雪粒 a	冻毛毛雨 b	轻度冻雨	冰冷机翼上的雨	其他 c
≥ -3	≥27	0:45	0:11～0:17	0:06～0:11	0:09～0:13	0:02～0:05	0:02～0:05 d	
-3～-6	27～21	0:45	0:08～0:13	0:05～0:08	0:05～0:09	0:02～0:05	警告：无推荐的保持时间	
-6～-10	21～14	0:45	0:06～0:10	0:04～0:06	0:04～0:07	0:02～0:05		
<-10	<14	0:45	0:05～0:09	0:02～0:04				

注：I 型液和水的混合液是被选好的，因此其冰点低于环境温度 10 ℃（18 ℉）。

a. 在轻度的"雨和雪"的天气状况下，使用轻度冻雨天气状况下的保持时间表。

b. 如果不能明确地识别"冻毛毛雨"，使用轻度冻雨天气状况下的保持时间表。

c. 其他天气状况包括：大雪，雪丸，冰丸，冰雹，中型冻雨，大型冻雨。

d. 当环境温度低于 0 ℃（32 ℉）时，此状况下无推荐的保持时间

表 3.7　AEA Ⅱ型混合液的保持时间与气候条件和环境温度的关系及应用指南

环境温度 °C		Ⅱ型液浓度 原液:水 Vol%:Vol%	不同天气状况下近似的保持时间（小时:分钟）						
			活霜	冻雾	雪、雪粒ᵃ	冻毛毛雨b	轻度冻雨	冰冷机翼上的雨	其他c
≥－3	≥27	100:0	12:00	0:35～1:30	0:20～0:45	0:30～0:55	0:15～0:30	0:05～0:40d	
		75:25	5:00	0:25～1:00	0:15～0:30	0:20～0:45	0:10～0:25	0:05～0:25d	
		50:50	3:00	0:15～0:30	0:05～0:15	0:05～0:15	0:05～0:10		警告：无推荐的保持时间
－3～－14	27～7	100:0	8:00	0:20～1:05	0:15～0:30	0:15～0:45e	0:10～0:20e		
		75:25	5:00	0:20～0:55	0:10～0:20	0:15～0:30e	0:05～0:15e		
－14～－25	7～－13	100:0	8:00	0:15～0:20	0:15～0:30				
＜－25	＜－13	100:0	Ⅱ型液如满足冰点低于环境温度 7 ℃（13 ℉）和满足空气动力可接受要求就可以用于低于－25 ℃（－13 ℉）的环境温度。当不能使用Ⅱ型液时，可考虑使用Ⅰ型液						

注：a. 在轻度的"雨和雪"的天气状况下，使用轻度冻雨天气状况下的保持时间表。

b. 如果不能明确地识别"冻毛毛雨"，使用轻度冻雨天气状况下的保持时间表。

c. 其他天气状况包括：大雪，雪丸，冰丸，中型冻雨，大型冻雨，冰雹。

d. 当环境温度低于 0 ℃（32 ℉）时，此状况下无推荐的保持时间。

e. 当环境温度低于－10 ℃（14 ℉）时，此状况下无推荐的保持时间

表 3.8 AEA Ⅲ型混合液的保持时间与气候条件和环境温度的关系及应用指南

环境温度	Ⅲ型液浓度 原液:水 (Vol%:Vol%)	不同天气状况下近似的保持时间 (小时:分钟)						
°C		活霜	冻雾	雪/雪粒 a	冻毛毛雨 b	轻度冻雨	冰冷机翼上的雨	其他 c
≥ -3 ≥ 27	100:0	2:00	0:20~0:40	0:10~0:20	0:10~0:20	0:08~0:10	0:06~0:20 d	
	75:25	1:00	0:15~0:30	0:08~0:15	0:08~0:15	0:06~0:10	0:02~0:10 d	
	50:50	0:30	0:10~0:20	0:04~0:08	0:05~0:09	0:04~0:06		
~3~ -10 27~14	100:0	2:00	0:20~0:40	0:09~0:15	0:10~0:20	0:08~0:10	警告: 无推荐的 保持时间	
	75:25	1:00	0:15~0:30	0:07~0:10	0:09~0:12	0:06~0:09		
< -10 < 14	100:0	2:00	0:20~0:40	0:08~0:15				

注：Ⅲ型液如满足冰点低于环境温度 7 ℃ (13 °F) 和满足空气动力可接受要求就可以用于低于 -10 ℃ (14 °F) 的环境温度。当不能使用Ⅲ型液时，可考虑使用 I 型液

a. 在轻度的"雨和雪"的天气状况下，使用轻度冻雨天气状况下的保持时间表。

b. 如果不能确定地识别冻毛毛雨，使用轻度冻雨天气状况下的保持时间表。

c. 其他天气状况包括：大雪，雪丸，冰丸，中型冻雨，大型冻雨，冰雹。

d. 当环境温度低于 0 ℃ (32 °F) 时，此状况下无推荐的保持时间

表 3.9　AEA IV 型混合液的保持时间与气候条件和
环境温度的关系及应用指南

环境温度		IV型液浓度原液/水（Vol%:Vol%）	不同天气状况下近似的保持时间（小时:分钟）						
°C	°F		活霜	冻雾	雪、雪粒a	冻毛毛雨b	轻度冻雨	冰冷机翼上的雨	其他c
≥−3	≥27	100:0	12:00	1:15~2:30	0:35~1:15	0:40~1:10	0:25~0:40	0:10~0:50d	
		75:25	5:00	1:05~1:45	0:20~0:55	0:35~0:50	0:15~0:30	0:05~0:35d	
		50:50	3:00	0:15~0:35	0:05~0:15	0:10~0:20	0:05~0:10		警告：无推荐的保持时间
−3~−14	27~7	100:0	12:00	0:20~1:20	0:20~0:40	0:20~0:45e	0:10~0:25e		
		75:25	5:00	0:25~0:50	0:15~0:35	0:15~0:30e	0:10~0:20e		
−14~−25	7~−13	100:0	12:00	0:15~0:40	0:15~0:30				
<−25	<−13	100:0	IV型液如满足冰点低于环境温度 7 °C（13 °F）和满足空气动力可接受要求就可以用于低于−25 °C（−13 °F）的环境温度。当不能使用IV型液时，可考虑使用 I 型液（见表6.1）						

注：a. 在轻度的"雨和雪"的天气状况下，使用轻度冻雨天气状况下的保持时间表。
b. 如果不能明确地识别冻毛毛雨，使用轻度冻雨天气状况下的保持时间表。
c. 其他天气状况包括：大雪，雪丸，冰丸，中型冻雨，大型冻雨，冰雹。
d. 当环境温度低于 0 °C（32 °F）时，此状况下无推荐的保持时间。
e. 当环境温度低于−10 °C（14 °F）时，此状况下无推荐的保持时间

注释

1. 本指南内容如有与《中华人民共和国民用航空行业标准》第 19 部分"民用航空器除冰、防冰液的使用"（MH/T 3011.19 最新版）相悖的部分，以行标内容为准。

2. "除冰、防冰工作单"有关数据的制家，依次以下列依据为准：

（1）除冰/防冰液制造厂家说明书规定的数据；

（2）航空器制造厂家手册规定的数据；

（3）民用航空器维修行业标准 MH/T 3011.19"民用航空器除冰、防冰液的使用"推荐的数据。

4

地面除冰/防冰程序

4.1　人员资格

进行飞机结冰状况检查和除冰/防冰操作的地面人员必须经过除冰/防冰的培训,并经执机单位维修质量管理部门授权或认可,取得除冰/防冰上岗证。

4.2　飞机结冰状况检查和通信联络

4.2.1　除冰/防冰工作对污染物的检查分类

1. 飞机外部检查

飞机外部检查工作由飞行机组人员执行,通过初始检查以确定除冰/防冰要求。

2. 除冰/防冰后的检查

通过检查以确定除冰/防冰效果,该检查工作由执行除冰/防冰工作人员实施。

3. 起飞前的检查

通过检查,以确定飞机外部被污染的情况。

4.2.2　飞行前外部检查

(1)确定飞机是否存在冰冻污染物的最终责任人是机长。

（2）在地面结冰条件下，飞行机组必须在起飞前通过飞机外部检查确认机翼、安定面、操纵面、螺旋桨、风挡或动力装置和空速、高度、升降率或飞行姿态仪表系统的机外部件上以及飞机制造厂家手册中规定的其他关键表面是否附着冰冻污染物，以确定航空器的状态是否适合安全飞行或者需要执行除冰/防冰程序。

（3）重点检查下列部位有无霜、冰和雪：

① 机翼表面（特别是前缘）；

② 水平尾翼上、下表面；

③ 垂直安定面和方向舵；

④ 缝翼（如有）和襟翼；

⑤ 机身；

⑥ 大气数据探测器；

⑦ 静压孔及其附近；

⑧ 排水管道、引气管道、油箱通风口和雷达罩；

⑨ 迎角传感器；

⑩ 操纵面及其铰链附近；

⑪ 发动机进气道、进气道前缘、风扇（检查转动情况）、转子、风扇排气管道和反推部件；

⑫ 螺旋桨、风挡或动力装置；

⑬ 起落架部件、轮胎和轮舱等。

（4）如果是雾凇天气，必须对发动机及进气区域进行检查，以确保没有污染物积聚。如果任何表面上附着有雪或冰，起飞前必须将其除去。此外，如果发现升力面的上、下表面或操纵面上有霜，必须将其除去。

（5）在可能产生透明冰的温度和降水条件下，对飞机应特别注意检查机翼上表面是否有冰形成。如果升力面的上面有疏松的雪粒，但冰没有附着在表面上，应询问机长确定是否需要进行除冰。在咨询机长之前应检查机翼上表面以保证油箱上面没有结冰。如果上表面有冰积聚，起飞前必须除去。如果上表面附着有雪，起飞前必须除去。如果机身上部有冰积聚，起飞前必须除去。"附着"在机身上的雪在飞行前也必须除去。

（6）在可能需要除冰的天气条件下，要在起飞前事先对机翼进行初步检查并把检查结果通报飞行机组，以让他们确信即将起飞前还要进行详细的检查并采取适当的措施。飞机过站时如果正是或出现吹雪/大风天气，可能存在在襟翼/缝翼入口处积聚污染物的危险。如果怀疑有污染物存在，必须放下襟翼或缝翼以确保放行飞机前对有关区域进行了检查。如果经过详细检查后决定不需要为飞机除冰，通知飞行机组飞机已检查无须除冰。

（7）当飞机飞行前外部检查是由经过培训并具有检查资格的地面人员完成时，在起飞前机长应当确认其完成了检查，并确定飞机的状态是否适合安全飞行或者需要执行除冰/防冰程序，必要时还应当进行补充检查确认。

（8）飞行前检查时，应当检查机翼、螺旋桨、舵面、发动机进气道及飞机制造厂家手册中规定的其他关键表面是否附着冰冻污染物，发现或者怀疑有冰冻污染物的情况时，应当及时通报机长。

4.2.3　降雨状态下机翼检查

如果飞机在地面期间，遇到降雨状态（如雨、毛毛雨、雾），在机翼下表面油箱区域已经形成霜或冰，或者根据气象条件怀疑机翼上表面已经形成透明的冰层时，必须检查机翼上表面是否有冰层。

无论地面人员还是机组人员必须时刻想到，在雪的下面可能会有一层很难发现的透明的薄冰层，应被除掉。

4.2.4　地面除冰/防冰工作中的通话（标准用语）

通常情况下，地面人员和飞行机组应作为一个整体来完成除冰/防冰工作。地面人员有责任通过对讲机或无线电通信，在检查前或使用除冰/防冰液前和检查完毕后与机长建立直接联系。为了防止人员受伤和飞机损伤，通信联系应在任何除冰/防冰检查之前实施。在除冰/防冰过程中通常采用下列用语。

1. 检查前后的通话

（1）在开始检查前。

——地面人员："我们准备开始检查。"

——以此用语通知机长，在发动机、缝翼、襟翼和起落架舱门周围有停机坪上的工作人员，这样可以确保除霜、雪、冰人员的安全。

——机长："明白，飞机已准备接受检查。"

——以此用语通知地面人员，让机组知道有地面人员在旁，不会改动飞机形态、推力调置。在维修人员撤除之前不会移动飞机。

（2）在检查完毕后。

——地面人员："检查已完成，飞机不需要除冰。"或"检查已完成，飞机需除冰。"

——机长："明白。"

2. 实施除冰/防冰时的通话

（1）在开始使用除冰/防冰液前，地面除冰/防冰人员应向机长确认飞机是否处于适当的飞机除冰/防冰构型状态，例如："机长，是否可以进行除冰/防冰"。

注：当飞行机组不在飞机上时，应由其他有资格的人员操纵飞机系统。

（2）在完成除冰/防冰后，地面除冰/防冰人员应向机长通报使用除冰/防冰液的类型、浓缩比例和最终使用液体的开始时间，例如："机长，我是指派的除冰员，飞机已使用Ⅰ型除冰液完成除冰，1130 开始使用除冰液"；"机长，我是指派的除冰员，飞机已用Ⅰ型除冰液完成除冰，并用Ⅱ型防冰液进行了防冰。防冰液的混合比例为 75/25，1245 开始使用防冰液"。

3. 除冰/防冰工作通信中应注意的事项

（1）在发动机关闭的喷洒操作期间，通话联系可以中断。

注：如果飞行机组要求重新建立通话联系，将着陆灯闪 3 下。

（2）在发动机工作状态下除冰时，必须保持持续的通话联系。

（3）当飞行机组不在飞机上，完成除冰/防冰工作后，需告知机组的相关信息，可留一便条在驾驶舱中央控制台上。

（4）在紧急情况下或发生事故时，或飞机可能发生事故时，应立即把所处的状况通知飞行机组，以便立即协调所必须采取的措施。

4.3　除冰/防冰的决定

（1）由满足资格要求的检查人员进行对有冰、霜、雪的检查，并将检查结果及时告知飞行机组，由机长作出是否进行除冰/防冰工作的决定；飞机在外站时，由协议单位经除冰/防冰培训并具有检查资格的人员进行检查并将检查结果告知飞行机组，由机长作出是否进行除冰/防冰工作的决定；如判断条件不明确，检查人员需要与机长协商，由执行本次飞行任务的机长最终决定是否进行除冰/防冰工作。当发生下列情况之一时，必须进行除冰/防冰工作：

① 本章 4.2.2 条中所陈述的起飞前必须除去的霜、冰、雪的相关规定；

② 接到飞机到达前要进行除冰/防冰准备的信息时；

③ 机长认为有必要时。

（2）机长作出除冰决定后通知机务维修部门。

在到达目的地（短停）以前或滑行时，如果机长决定除冰/防冰，应尽快通知给机务维修部门，以便相关人员和设备有效的配合。

（3）机务维修部门接到机长需要进行除冰的决定后，应立即成立除冰/防冰小组实施除冰/防冰作业；或立即与委托单位联系协调除冰/防冰事宜，并做好与其他部门的协调和联系。并将相关信息及时通知机长。

4.4　除冰/防冰工作的实施

实施过程根据执机单位基地/外站维修能力的不同，分以下两种情况：

（1）本单位人员实施；

（2）委托协议单位进行。

4.4.1　本单位维修人员实施

（1）接到实施除冰/防冰工作通知后，由机务工程部负责人进行安排：

① 成立除冰/防冰小组，指定组长；

② 调配除冰设备和配置除冰/防冰液；

③ 工作前的其他准备。

（2）除冰/防冰组长根据外界温度、气象条件等负责选择除冰液、除冰方法和除冰设备。其中，除冰液的保持时间通过查除冰/防冰工作单上的"除冰/防冰液保持时间表"确定，同时必须考虑恶劣天气对缩短保持时间的影响。

任何情况下，应恰当地考虑环境因素，根据天气导致结冰或是积雪的情况和飞机关键部位来决定除冰/防冰方法。

（3）除冰小组组长与机长联系确定进行除冰/防冰的最佳时机。

（4）除冰/防冰小组按比例配置除冰液，并在除冰/防冰工作单上记录实际值，组长进行检验。

（5）除冰/防冰液的要求：必须使用经适航部门批准的除冰/防冰液。

（6）除冰/防冰用工具设备：

① 除冰/防冰液的喷洒应当使用能够满足除冰/防冰液使用要求的专用设备进行；

② 除冰车、防冰车、喷壶、拖把、鬃刷、鬃扫把、冷/热气源、冷/热液体、橡皮刮板和绳子等，禁止使用可能造成飞机表面损伤的工具设备；

③ 如飞机厂家规定了除冰/防冰过程中使用的其他工具，应当符合制造厂家的规定。

（7）除冰/防冰工作单。

① 进行除冰/防冰工作必须使用预先指定的工作单。

② 为每架飞机配置数份对应机型的"除冰/防冰工作单"存放于飞机随机文件包内，以备飞机在外站需要时使用。

③ 每次完成地面除冰/防冰工作后，除冰/防冰小组组长必须将以下内容记录在"除冰/防冰工作单"中：

a. 除冰/防冰工作的实施日期；

b. 除冰/防冰液的类型和制造厂家；

c. 除冰/防冰液与水的混合比例；

d. 最后一步使用防冰液的开始时间（即预计的保持时间开始时刻）；

e. 实施除冰/防冰工作组组长姓名及签字。

（8）清除污染物必须遵守的事项：

① 不要猛击飞机表面；

② 不要用金属或塑料刮擦飞机表面；

③ 不要对着不能直接喷洒的区域直接喷洒除/防冰液；

④ 使用橡皮刮板时注意不要损坏飞机上的突出部分；

⑤ 注意不要将雪或半融雪驱至邻近飞机操纵装置边缘的区域。

⑥ 作为一般原则，不要直接向任何开口内喷洒。

（9）按除冰/防冰工作单进行工作，由组长确定选用"一步除冰程序"或"两步除冰程序"；并严格执行以下除冰/防冰过程中的安全注意事项：

① 在进行地面除冰/防冰工作时，应联系机组按照《操作手册》和《维护手册》的相关程序进行操作，以将飞机调整到除冰/防冰构型。

② 必须采取所有的有效措施，以减少液体进入发动机、所有进气口、通气管和操纵面的空腔内。

③ 不准将除冰/防冰液直接喷入皮托管动压头的限流孔、静压孔或直接喷到气流方向探测器、探头、迎角传感器和窗上。

④ 两侧机翼和安定面必须进行完全相同的和全部的处理。

⑤ 当人工清除机翼表面上的积雪时，不得操纵和踩踏机翼操纵面。

⑥ 停放在雨、雪中的飞机，应加强对燃气涡轮发动机的压气机转子进行检查，如因结冰而不能自由转动，则应用热空气喷吹，直到其能自由转动为止。

⑦ 如果在除冰检查过程中发现了过多的或不常见的发动机污染物，必须由机务维修人员清除污染物。

⑧ 对轻而干的积雪，在摄氏零下温度环境时，不得用热空气喷吹，而应用扫除方法清除。清除冰、雪的热空气其温度应控制在 100 ℃ 以下。由于使用热空气喷吹而将冰雪融化成水后流到未加热区重新结冰时，必须将其清除。

⑨ 当飞机发动机在运转状态下进行除冰/防冰工作时，除冰/防冰设施和人员不得进入、接近发动机的危险区域。

注意：当除冰/防冰作业采用人工方法时，禁止在飞机发动机运转状态下进行。

⑩ 在飞机起飞前必须将驾驶舱窗上的除冰/防冰液的痕迹清洁干净，特别注意装有雨刷的窗。另外，在起飞前必须将滑行过程中流回风挡前面的液体清洁干净。

⑪ 在除冰/防冰以后，应全面检查空气动力区和空腔有无聚集残存的除冰/防冰液，例如：机翼后梁和安定面后梁等区域。

⑫ 在喷洒窗户和风挡时，直接对着玻璃上方喷洒直到有足够的液体流下来以防止温度急增。在清洁风挡时，确保其周边区域的所有的雪和冰都被清除。

⑬ 可以使用满足最低操作使用温度要求的 50：50 的混合液或经稀释的除冰液为航空器起落架除冰。使用水是不允许的。

⑭ 飞机制造厂家的手册中另有规定时，还应当遵循其规定。

⑮ 在气温非常低的地区，如热溶液除冰无效时，可以采用人工方法除冰，如：高压气体、热气、雪刷、扫帚、橡皮刮板和绳子。

（10）除冰/防冰后的检查、报告和记录。

除冰/防冰工作完成后，执行除冰/防冰的工作人员应对飞机外部进行检查，以确认除冰/防冰的效果。

① 检查：

a. 飞机机翼、操纵面、发动机进气道及其飞机制造厂家《维护手册》中规定的关键表面的检查，确保所有的冰、雪、霜已清除干净（必要时应通过触摸检查）；

b. 驾驶舱窗户上的除冰/防冰液痕迹已清洁干净；

c. 空气动力区域和空腔内无聚集残存的除冰/防冰液；

d. 在冰雾情况下，发动机叶片（后面）无结冰；

e. 启动发动机前应检查发动机进气道区域和探头是否聚集有雪或冰。

注意：在一些情况下，只有通过触摸才能确定有无冰层。在冰点温度下和大风期间，发动机已经承受了大雪和/或冰雨，在起动发动机之前必须检查进气道区域是否聚集有雪和/或冰。

② 报告和记录：

a. 检查者应将经确认的以上状态报告机长；

b. 在获得机组人员对飞机外部清洁状况的确认后，签署除冰/防冰工作单并归档保存；

c. 除冰/防冰工作小组组长将使用除冰/防冰液的飞机部位、完成防冰的时间、防冰液的保持时间和防冰液代码记录在飞行记录本上。

4.4.2 委托协议单位实施

如委托协议单位对飞机进行除冰/防冰工作，则按有关协议进行。注意以下方面：

（1）执机单位机务工程部与除冰/防冰协议单位协调进行除冰/防冰工作。

（2）委托协议单位在执行除冰/防冰工作前，应由其单位负责人或其指定人员任除冰/防冰组长、成立除冰防冰小组。

（3）通常情况下，协议单位应使用执机单位除冰/防冰工作单进行工作。如协议中规定使用外委单位的工作单，则机务工程部须对其适用性进行确认，并得到维修质量部门的批准。

（4）协议单位除冰人员完成除冰/防冰工作后应在除冰/防冰工作单上进行签署。若协议单位除冰人员不符合除冰/防冰作业人员资格要求，则应在符合该要求的执机单位地面人员的指导下完成除冰/防冰工作，由执机单位地面人员签署除冰/防冰工作单。

（5）除冰/防冰协议单位负责人对被委托方的除冰/防冰工作进行全程监督并协调处理工作中出现的问题。

（6）地面除冰/防冰负责人确认除冰效果、防冰液的保持时间，并经机长认可和确认后，在飞行记录本上记录并签署（内容应包括使用除冰/防冰液的飞机部位、除冰/防冰液数量、完成防冰的时间、防冰液的保持时间和防冰代码）。

4.5 起飞前污染物检查

（1）"起飞前污染物检查"是机长或飞行机组的责任，地面人员可协助机长或机组完成该项检查。

（2）对飞机进行了除冰/防冰工作后，如在预计的保持时间内起飞，应当完成起飞前检查，确认飞机机翼或者其他代表性表面的实际状况是否与预计的保持时间一致。此检查可以由飞行机组在机舱内进行。

（3）除冰/防冰工作后，如超过了预计的保持时间，在起飞前5分钟内应当完成起飞前污染物检查，确认飞机机翼、操纵面和其他关键表面没有影响飞机起飞性能的污染物存在。此项检查可以由机组在机舱内进行，也可以由机组或者其他有资格的人员在机舱外部进行。

（4）当上述检查发现任何超出起飞限制的情况后，应在起飞前重新进行地面除冰/防冰工作。

（5）重新进行的地面除冰/防冰工作，应使用一份新的"除冰防冰工作单"，并执行相关程序和规定，以完成除冰/防冰工作。

4.6　除冰/防冰操作指南

4.6.1　除冰/防冰液的喷洒模式

1. 标准喷洒模式

不同的风和机动性限制可能要求变换喷洒的模式。如使用除冰车，吊篮操作员和除冰车驾驶员在摆放除冰车辆和喷洒液体时的合理判断是安全有效的除冰操作所必需的。作为一般原则，可采用与下述类似的模式靠近和喷洒飞机。

（1）在降水期间：

① 航空器不同区域的除冰顺序是非常重要的。应首先喷洒机身（如需要），其次是机翼表面，再次是尾翼表面。

② 如需要对机身除冰，从机身的顶部开始，向下喷洒。

③ 按照典型表面的要求，永远都要首先喷洒左机翼（机长一侧）。在使用除冰车喷洒时，除冰车应位于翼尖前缘的前部，吊篮处在将要喷洒的区域上面。

④ 从机翼前缘向后缘喷洒除冰液。可以从翼尖向翼根喷洒以除去积聚

物。然而，如果是从尖端向根部喷洒除冰，最后一次覆盖液体时必须是从翼根到翼尖从而开始保持时间倒计时。在左机翼根部典型表面除冰完成之前不得开始右机翼除冰。

⑤ 对于垂直安定面，应从上至下喷洒。除冰车或工作梯应位于水平尾翼的前部。

⑥ 对水平安定面除冰时，从前缘向后缘喷洒除冰液。同样，除冰车或工作梯应位于水平尾翼的前部。

（2）无降水期间，仍可采用降水期间的标准喷洒模式清除积聚物。

（3）降水过程中：

第一步：使用标准喷洒模式清除积聚物（如需要）。

第二步：最后覆盖一层除冰或防冰液，并保证典型表面是被首先喷洒的。

2. 使用喷壶进行除冰/防冰

使用喷壶进行除冰/防冰的操作员要作为一个团队、听从除冰/防冰组长的指令进行操作。在工作中必须佩戴必需的安全保护装置（如安全带、面罩、安全靴和眼睛保护装置等）。接近航空器时，应注意航空器危险区域和人可踩踏的区域。在工作中，应注意喷壶中液体温度，不能使用温度低于要求的除冰/防冰液。如果某些结冰部位难以接近，则必须立即报告除冰/防冰组长。

4.6.2　冰的清除

（1）在时间和空间允许时，应把航空器停放在温暖的机库中使冰融化，当冰不再黏附在表面上时，可以将其刷去，然后让表面变干或覆盖一层未经稀释的除冰/防冰液加以保护。如不可能做到这一点，应喷洒一层薄的热除冰液，让冰融化几分钟，然后将其刷去冰覆盖一层未经稀释的除冰/防冰液。

注意：不要用金属或塑料刮去航空器任何表面上的积聚物，不得用物体敲击航空器将冰打碎。

（2）发动机结冰。

清除发动机冰或雪污染的经批准的方法包括下述一项或多项：

① 用扫帚或拖把清扫；

② 用热空气将冰融化并干燥；

③ 叶片吹风机；

④ 能提供高压空气的经改装的除冰车（仅用于除雪）；

⑤ 其他的清除方法必须经过批准并要在维修人员的监督下使用。切记不得使除冰液进入发动机的任何开口。

（3）缝翼/襟翼除冰。

如果怀疑襟翼/缝翼处有污染，必须将襟翼和缝翼放下，以保证飞机放行前对这些区域进行检查。在怀疑有污染时，应做如下处理：

① 首先与机长探讨污染的可能性；

② 应先对机翼除冰，然后放下襟翼/缝翼进行检查。

注1：在机翼表面的污染物被清除之前不应放下襟翼/缝翼。

注2：在大风引起吹雪时，使飞机按机头迎风方向停放，以免在这些区域吹积污染物。

4.6.3　减少使用除冰液的方法

考虑到成本因素和对环境的影响，不使用高浓度除冰液而使用其他产品来清除航空器表面大量的积聚物，其好处是不言而喻的。有能力使用橡皮刮板或高压空气设备（叶片吹风机或经改装的除冰车）在可能的情况下应使用它们清除积聚的雪。

1. 使用机库

为做到这一点，在空间允许时可以把飞机停放在机库中，或者，在飞机上覆盖一层薄的除冰/防冰液。

2. 橡皮刮板/扫帚

可以用橡皮刮板和扫帚除去飞机上的全部或部分积聚物，以减少乙二醇的使用。

3. 叶片吹风机/拖把

叶片吹风机可用来吹去积聚的粉末状的雪。对轻度结霜，操作员可以使用装有热的或温的Ⅰ型液体的喷壶和拖把来清除污染物。这些都是减少乙二醇使用的极好的方法。

4. 高压空气除冰（仅使用空气）

（1）高压空气只能沿着与航空器表面较小的夹角吹（绝不能沿着 90°方向直接对表面使用高压空气）。

（2）在清除机翼和尾翼上的污染物时，使吹风机喷嘴与前缘等高或稍高于前缘，利用机翼的轮廓协助气流把雪往后推。

（3）如果雪较大或较湿，可能有必要先把机翼或尾翼后部的污染物吹掉，以免雪在上表面堆积到一定程度使得高压空气不再有效。

注意：空气在离开喷嘴时是热的，但在经过几英尺之后就会变得与环境温度相同 —— 喷嘴距航空器必须至少保持 3 英尺，以免将雪融化或损伤表面。

（4）需特别注意的事项：

① 气流不要直接吹向风挡、窗户、探测器、天线或其他从机翼或机身伸出的零部件，因为高压可能损坏这些零部件。

② 尤其注意不要把雪吹进任何开口，例如，空速管、引气活门和溢流阀，因为雪可能堵塞这些区域从而引起飞行中故障。

③ 决不要将高压空气从机翼或尾翼的后部向前吹 —— 这样可能会把雪吹到缝翼或襟翼的下面。气流方向必须与飞行方向一致（即从飞机的前面向后吹）。

④ 在使用高压空气时如果由于吹起的雪削弱了操作员的视线，必须要停止车辆和悬臂的所有运动，直到雪落下、安全视力条件恢复为止。

⑤ 在使用高压空气时，确保所有地面人员撤离该区域。

5. 局部除冰

在下列三种情况下，可以不必对飞机的两边进行同样的处理，仅要求对飞机受污染的区域进行除冰：

（1）飞机只有部分区域（机翼、尾翼）结霜且飞机两边所结的霜可能并不一致，同时其他的关键表面被认为是清洁的；

（2）在可能是由于露天停放过夜或外场停放时间较长时，在飞机的某一特定区域积聚有雪或冰（例如一边机翼的根部）而飞机的其余部分是清洁的；

（3）在前缘有雾凇形成时，机翼或尾翼两边的积聚可能并不一致。在这种情况下，只有受影响的区域需要进行除冰。另外，如果飞机"仅在尾翼处"有结冰，只要机翼是清洁的，其上没有污染物，就没有必要对机翼喷洒除冰液。

5

CESSNA 525
飞机除冰/防冰操作

本节是根据美国 CESSNA 飞机公司 CESSNA525 型飞机《维护手册》（R22）版 12-31-00 "除冰/防冰描述和操作" 及 "除冰/防冰-勤务工作" 的内容制定的。

5.1 除冰/防冰描述和操作

5.1.1 概　述

（1）FAA 规章指出：飞机在起飞前，其所有的关键表面（如机翼、操纵面和发动机进气道）上都不能有冰、雪或霜存在。除冰程序可有效地恢复飞机的原有外形，避免改变飞机的气动特性及产生机械干扰。

（2）除冰和防冰液均是水溶液，它可有效地降低水在液态或结晶状态下的凝固点，从而延迟结冰的发生。因此它们称为防冻剂（FDP）。除冰液分为 I 型（除冰）、II 型和 IV 型（防冰）。

① 一步除冰/防冰法使用防冰液来完成。防冰液用来为飞机除冰并保持在飞机的表面起到防止结冰的作用。

② 两步除冰/防冰法包含两个分开的步骤，第一步进行飞机除冰，接下来第二步进行飞机防冰，防冰液对飞机表面进行保护，提供最大可能的防冰能力。

③ I 型、II 型、III 型和 IV 型除冰/防冰液起作用的时间是有限的，这种时间限制称为 "保持时间"，II 型和 IV 型防冰液的保持时间比 I 型除冰液的保持时间长很多。由于保持时间的长短依赖很多因素，因此提供的图表也仅仅是一些大致的估计值。保持时间参见生产厂家提供的数据单。但最终飞行机组应该确认任何除冰或防冰程序的有效性。

注意： I 型、II 型、III 型和 IV 型除冰/防冰液不具有兼容性，不能混用。另外，大多数生产厂家也禁止混用不同品牌但属于同一类型的除冰/防冰液。

（3）除冰。

可将飞机移入温暖的机库里，通过气温的升高进行自然除冰；也可以使用 I 类乙二醇基的防冻剂进行除冰。

① 通过温暖的机库进行除冰是最好的方法，应尽可能地选用这种方法。但是注意，应及时除去冰融化后形成的水，防止飞机移出机库参加飞行时再次凝固成冰。

② Ⅰ型除冰液使用的温度范围为 160～180 °F（71～82 °C），可用一个中压或高压的飞机清洗器来施放除冰液。经过加热的防冻液效果更好，因为额外的热量可使冰、雪或霜融化。Ⅰ型除冰液也可以稀释后使用，兑水的比例依据大气温度而定。Ⅰ型除冰液的保持时间较短。

（4）防冰程序。

防冰时使用Ⅱ型、Ⅲ型或Ⅳ型防冰液，它们的功用是延迟冰、雪、霜的形成。防冰液可以在飞机表面形成保护膜，在高速飞行时能被从飞机表面吹落。

注意：Ⅱ型、Ⅲ型或Ⅳ型防冰液应用在没有被加热的飞机上。环境状况不同，Ⅱ型、Ⅲ型或Ⅳ型防冰液的保持时间也不同，参见生产厂家提供的说明。

（5）除冰和防冰液一般不用于清除积雪。清除积雪最好使用机械的方式，如用拖把扫或用刷子刷。

（6）飞行机组必须熟悉除冰/防冰程序，并能适时地执行。飞行安全最终还是由飞行机组来负责，因此飞机的任何除冰/防冰工作都必须在他们的监督下进行。

5.1.2　除冰/防冰材料

（1）完整的除冰/防冰液清单可以参考最新版的"FAA批准的除冰大纲更新通知"。

（2）该机型经批准的除冰/防冰液型号参见批准的飞行手册。

5.2　除冰/防冰勤务

5.2.1　概　述

（1）本节向维护人员提供了飞机在冰、雪、霜状态下（或预报将出现这些情况）的除冰和防冰信息。除冰/防冰工作应同飞行机组一起完成，飞机是否存在结冰状态的最终决定权在飞行机组。

（2）由于很多因素会影响除冰/防冰液的保持时间，因此，这些防冻剂的效果也只是大概估算的。这些因素包括：

① 大气温度；

② 飞机表面温度；

③ 防冻剂的使用程序；

④ 防冻剂的液体浓度；

⑤ 防冻剂液膜的厚度；

⑥ 防冻剂的温度；

⑦ 防冻剂的类型；

⑧ 飞机运行时靠近其他飞机、设备和建筑的程度；

⑨ 飞机运行时的雨雪天气、滑行道和跑道的状况；

⑩ 工作时的速度和效率；

⑪ 飞机表面的残余湿气；

⑫ 相对湿度；

⑬ 光照程度；

⑭ 风速和风向。

（3）除冰和防冰是两种不同的程序，可以单独进行，也可以合并在一起进行。单一的方法仅包括除冰工作，合并的方法则包括先除冰，然后立即进行防冰。在有些情况下，防冰也可作为一种预防措施单独进行。

5.2.2　批准的产品

（1）完整的除冰/防冰液清单可以参考最新版的"FAA 批准的除冰大纲更新通知"。

（2）该机型经批准的除冰/防冰液型号参见批准的飞行手册。

（3）除冰/防冰注意事项：

① 在进行Ⅰ类除冰工作前，工作人员应熟悉工作区域的划分，包括液体直接喷射区域和避免直接喷射区域。图 5.1 所示为液体直接喷射区

域，图 5.2 所示为避免液体直接喷射的关键区域，图 5.3 所示为工作顺序。

② I 型除冰液在使用前必须进行稀释。未经稀释的乙二醇在低于 14 °F（－10 ℃）时黏度非常大，可能会减小飞机大概 20%升力。另外，未经稀释的乙二醇比乙二醇/水的混合液的凝固点要高。

③ 在进行 II 类、III 类或 IV 类防冰程序前，工作人员应熟悉工作区域的划分，包括液体直接喷射区域和避免直接喷射区域。II 型、III 型或 IV 型防冰液主要用于保护机翼、操纵面，以及发动机进气道前的机身区域以防止冰进入发动机进气道。图 5.4 所示为使用防冰液的区域，图 5.5 所示为避免使用防冰液的区域，图 5.6 所示为工作顺序。

警告：

① 在开始除冰/防冰程序之前要阅读制造商的材料安全数据单（MSDS），避免伤亡。如果吞咽 3 盎司或更多的纯乙二醇会引起死亡。

② 除冰/防冰工作中，要穿防护服并配备防护设备，防止受伤。

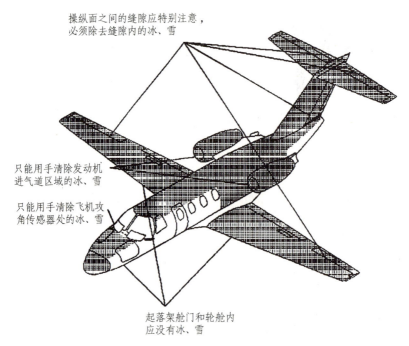

操纵面之间的缝隙应特别注意，
必须除去缝隙内的冰、雪

只能用手清除发动机
进气道区域的冰、雪

只能用手清除飞机攻
角传感器处的冰、雪

起落架舱门和轮舱内
应没有冰、雪

图 5.1　需进行除冰的重要区域

注意：阴影区域为必须进行除冰的区域。

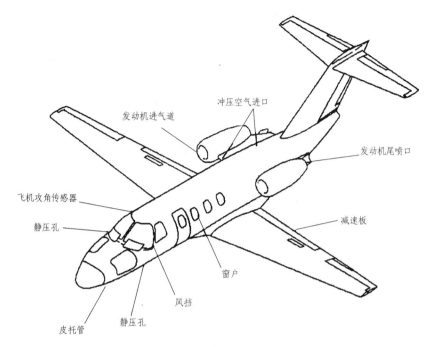

图 5.2　除冰液直接喷淋区域

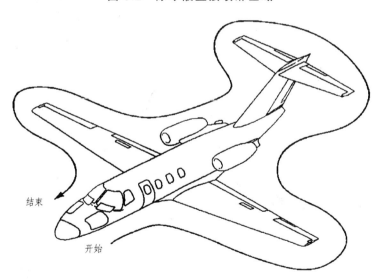

图 5.3　除冰路线

注意：除冰工作应从飞机左侧开始，因为最先进行除冰的区域其再次结冰也应该是最早的，这样飞行机长就可通过对他这一侧的观察来对飞机的结冰状况进行保守估计。

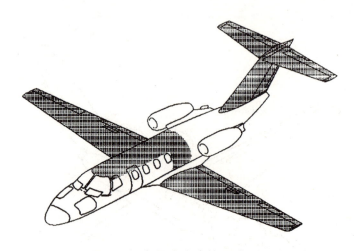

图 5.4　应用防冰液的区域

注意：阴影区域为使用防冰液的区域。机身上部的防冰主要是防止冰进入
发动机进气道。

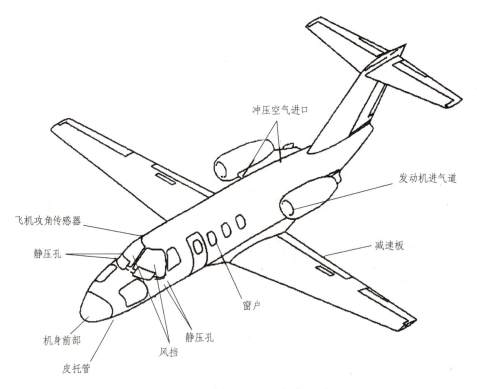

图 5.5　避免使用防冰液的区域

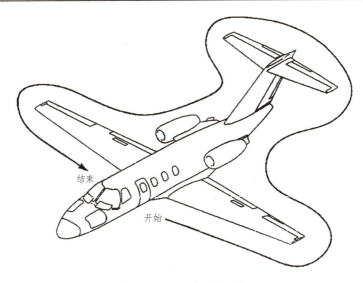

图 5.6　防冰操作顺序

注意：防冰液应在低状况下使用，这样才能在机身表面形成薄膜。另外，防冰液应附着在机身外表而不能流动。

5.2.3　进行Ⅰ类除冰的准备工作

（1）在进行除冰工作前，工作人员应知道预计的最低外界大气温度（O.A.T）是多少。配置的Ⅰ型除冰液（乙二醇和水的混合液）的凝固点必须低于 O.A.T 至少 18 °F（10 °C），这样除冰液的凝固点就具备了一个"缓冲区"。

① 每个工作人员都应清楚混合乙二醇和水的详细程序，以及混合液的凝固点。准备Ⅰ型除冰液应严格按照这些程序进行。

② 大多数生产厂家都会提供一份产品的索引，在索引中可找到混合液的凝固点。也可以使用表 5.1 的工具进行乙二醇的测试。

表 5.1

生 产 厂 家	产 品 名 称	地　　　址
MISCO	MISCO 7084VP	American Optical corp. 3401 Virginia Road Cleveland, OH 44122

　　警告：除冰工作人员应知道他们所使用的任何溶液的凝固点。对于配置好的Ⅰ型除冰液，如果不知道其乙二醇和水的比例，则只有通过生产厂家提供的数据索引来确定这个混合液的凝固点。

　　注意：不同品牌之间的Ⅰ型除冰液不能混合使用。生产厂家在产品中加入了特定的颜料以辨别有无污染。如果液体的颜色和生产厂家提供的颜色标准不一致，则该液体很可能被污染了，不能使用。

　　（2）在使用前检查Ⅰ型除冰液的温度应在 160 ~ 180 °F（71 ~ 82 °C）。

5.2.4　使用Ⅱ型、Ⅲ型或Ⅳ型防冰液的准备工作

　　（1）除非生产厂家有特别说明，Ⅱ型、Ⅲ型或Ⅳ型防冰液不能稀释后使用，且必须在大气温度状况下使用。

　　注意：在Ⅱ型、Ⅲ型或Ⅳ型防冰液中加入稠化添加剂，这样飞机在地面工作或短期存放时防冰液可保持在表面上提供防冰保护。在飞机起飞过程中，当速度达到 100 ~ 110 节时防冰液就会被吹掉。另外，Ⅱ型、Ⅲ型或Ⅳ型防冰液的保持时间比Ⅰ型除冰液的要长。

　　警告：应注意生产厂家说明资料中提供的低温限制。如果Ⅱ型、Ⅲ型或Ⅳ型防冰液的使用温度低于生产厂家批准的低温限制，液体可能保持在飞机上从而影响飞机的升力特性。

　　注意：Ⅱ型、Ⅲ型或Ⅳ型防冰液不能和Ⅰ型除冰液混合使用。Ⅱ型、Ⅲ型或Ⅳ型防冰液应使用专用设备，不能使用Ⅰ型除冰液的设备。不同品牌的Ⅱ型、Ⅲ型或Ⅳ型防冰液之间也不能混合使用。

　　（2）确认专用的Ⅱ型、Ⅲ型或Ⅳ型防冰液喷洒设备设置为适用于低、中压力液体。由于在进行了Ⅰ类除冰后应立即进行Ⅱ类、Ⅲ类或Ⅳ类防冰，所以在Ⅰ类除冰工作前就应该准备好Ⅱ类、Ⅲ类或Ⅳ类防冰的设备。

5.2.5　除冰程序

　　（1）在除冰前可用扫帚或其他类似工具扫除积雪。当在天线、窗户、

操作面、除冰带、探头、叶片或其他类似地方进行工作时应格外小心。

（2）除冰液喷射区域参见图 5.1。避免直接喷射的区域参见图 5.2，工作顺序参见图 5.3。

（3）如果除冰后还要进行防冰，那么防冰应在除冰完成后立即进行。

注意：除冰液的热量将融化冰、雪。除冰液中乙二醇的功能仅仅是降低了混合液的凝固点。

（4）Ⅰ型除冰液的喷射要领。

① 除冰液应以热量损失最少的方式进行喷射。喷射出的液体应是由水滴组成的固定形状的锥体。

② 喷射除冰液时应尽可能地靠近飞机表面，但是如果使用高压喷头的话，接近程度不能小于 10 英尺（3 米）。

③ 如果飞机表面的积雪或冰很厚，最好将除冰液集中喷射到一个固定的区域，直到该区域的冰雪被清除掉。热的除冰液可使飞机表面升温，这样表面覆盖的冰雪就会松动。

④ 在机翼和尾翼区域，喷射除冰液应按照从外到内、从前到后的顺序，这样有利于除冰液的扩散。

⑤ 应保证机身上部的清洁，防止在起飞或飞行过程中大块的冰、雪进入发动机。

⑥ 不能对风挡和窗户区域进行直接喷射。

⑦ 不能对皮托管和静压孔进行直接喷射。

（5）飞机的除冰顺序参见图 5.3。

注意：记下开始除冰时的时间。除冰液的有效作用时间应该是该种除冰液的"保持时间"。但具体的保持时间还要受到多种因素的影响。Ⅰ型除冰液的"保持时间"参见 FAA 表格。

① 正驾驶位侧面的前部和上部机身；

② 正驾驶位侧面的后部机身；

③ 左机翼；

④ 机翼后面的机身左侧；

⑤ 尾部—左侧；

⑥ 尾部—右侧；

⑦ 机翼后面的机身右侧；

⑧ 右机翼；

⑨ 机翼前的机身；

⑩ 副驾驶位侧面的前部和上部机身；

⑪ 如果要使用防冰液，则第⑫和⑬步不做，直接进行防冰工作程序。如果不使用防冰液，则接着进行第⑫和⑬步；

⑫ 进行除冰后检查。参见"工作后的检查"部分的内容；

⑬ 按以下描述方式将除冰信息告诉飞机机组："飞机除冰工作已完成，Ⅰ型除冰液的凝固点为＿＿℉，其保持时间从＿＿算起。"

5.2.6　防冰程序

警告：不能让Ⅱ型、Ⅲ型或Ⅳ型防冰液进入下列位置：皮托管、飞机攻角传感器、操纵面空腔、窗户和风挡、机身前部、雷达罩下部、静压孔、进气道或发动机。

注意：（1）由于Ⅰ型除冰液的保持时间较短，在除冰后三分钟之内必须使用Ⅱ型、Ⅲ型或Ⅳ型防冰液。如果在进行防冰工作后、飞机参加飞行前重新结冰，则必须再次进行除冰，之后立即进行第二次防冰工作。

（2）记录防冰工作开始的时间。防冰液的有效期即"保持时间"的长短会受到很多因素的影响。未经稀释的Ⅱ型、Ⅲ型或Ⅳ型防冰液的大致有效期可参见生产厂家提供的信息。

（3）在低压状况下将防冰液施放到飞机表面，形成一层薄的保护层。理想状况下，Ⅱ型、Ⅲ型或Ⅳ型防冰液会覆盖住机身而不会流走。Ⅱ型、Ⅲ型或Ⅳ型防冰液仅用在机翼后部区域、垂直安定面、水平安定面、发动机进气道前的机身上表面。

（1）图5.4所示为使用防冰液的区域，图5.5所示为避免使用防冰液的区域，图5.6所示为工作顺序。

（2）在左机翼使用防冰液。

（3）在左侧尾部和尾翼处使用防冰液。

（4）在右侧尾部和尾翼处使用防冰液。

（5）在右机翼使用防冰液。

（6）完成工作后检查。参见"工作后的检查"部分的内容。

（7）按以下描述将防冰信息告诉飞机机组："飞机使用Ⅱ型、Ⅲ型或Ⅳ型防冰液的防冰工作已完成，其保持时间从＿＿算起"。

5.2.7　工作后的检查

在对飞机进行了除冰或防冰工作后，工作人员应完成后续的检查内容，确保所有的关键表面没有冰、雪或烂泥等。关键表面包括下列位置：
（1）机翼前缘、上表面和下表面。
（2）水平安定面和垂直安定面。
（3）所有的操纵面及操纵面与安定面之间的缝隙。
（4）减速板和推力衰减器。
（5）通过风挡应有良好的视线。
（6）发动机进气道。
（7）发动机进气道前的所有机身表面。
（8）天线。
（9）飞机攻角传感器、皮托管和静压孔。
（10）油箱和油箱通气口。
（11）进气口。
（12）起落架、轮舱和相关的钢索、滑轮。

5.2.8　飞行后清洁

警告：如果不清洁飞机，那么残留的防冰液在特定的条件下会形成凝胶物，将影响飞行特性。

如果进行了除冰/防冰工作，强烈建议在飞行后进行彻底的飞机外部清洁工作。参见"飞机外部 —— 清洁程序"部分的内容。

5.2.9　机轮刹车和主起落架轮舱除冰程序

1. 机轮刹车除冰

飞机在停放时机轮结冰可能会冻住刹车，在这种情况下不需要完成整个除冰程序，仅需完成下面的工作，除去刹车区域的结冰。

（1）如果可能的话可使用加热器。

（2）将酒精喷射或倾倒在刹车上。

（3）启动发动机，不对称地转动刹车。

注意：如果飞机停放在冰面上或距离其他飞机较近时，当使用地面加热器对刹车进行除冰时应特别小心。

（4）在低温、潮湿的情况下，飞机滑行和起飞前可在刹车上喷洒一些酒精，这样飞行中刹车就不会被冻住。

2. 主起落架轮舱除冰

注意：按照生产厂家提供的说明进行，可收到最好的效果和经济性。

在已知潮湿、结冰天气情况下，在轮舱区域内使用 ICEX 或等效的产品可有效防止飞机滑行过程中冰在轮舱内堆积。其中最重要的位置是主起落架舱门铰链，如果该处积冰，主起落架在收上后不能处于锁好位置。

5.2.10　除冰靴维护

（1）除冰靴表面有一层导电涂层，可放除表面的静电，否则可能会造成无线电干扰和击穿尾部除冰带。在除冰带周围工作时应特别小心，避免损伤导电涂层或撕裂除冰靴。

（2）定期清洗和维护可有效延长除冰靴的寿命。应保持除冰靴的清洁，表面无滑油、油脂和其他可能造成橡胶膨胀和老化的溶剂。

下面的内容是推荐的清洁和维护程序。

注意：除冰液和防冰液不会对除冰带产生负面影响。然而，当使用 I 型和 II 型除冰/防冰液时，要求在除冰靴上更频繁地使用 ICEX 和 AGE MASTER Number I。下面的程序由 BFGoodrich 批准，适用于他们生产的除冰靴。

注意：为防止损坏除冰靴，在清洁过程中不能使用石油基的清洁液，如甲基—丙基酮、无铅汽油等。

（1）用中性肥皂水清洁除冰靴，然后用清水彻底冲洗干净。

注意：

① 水温应不超过 140 °F（60 °C）。

② 对于肥皂清洁不掉的污渍可使用酒精。在使用了酒精后，应再用中

性肥皂水进行清洗，最后用清水彻底冲洗干净。

③ 由于 AGE MASTER Number Ⅰ 和 ICEX 中含有硅酮，会影响飞机表面的漆层，因此在工作过程中应注意保护除冰靴临近的区域。同时工作者应注意保护自己的衣服，戴上橡胶手套。

④ 当使用 AGE MASTER Number Ⅰ 和 ICEX 时应遵照生产厂家提供的警告和注意事项。

（2）在除冰靴上使用 AGE MASTER Number Ⅰ 和 ICEX 可有效延长除冰带的使用寿命，减少冰在除冰靴上的附着力。两种产品的信息见表 5.2。

表 5.2

名　　称	生产厂家	用　　途
ICEX	Miracle Power Products Corp. 1105 Belt Line Street Cleveland,OH 44109	防止冰在轮舱内聚集，改善除冰靴的防冰能力
AGE MASTER Number Ⅰ	Chem-Pro Manufacturing Inc. Box 213 Buffalo,NY　14221	防止除冰靴老化

（3）AGE MASTER Number Ⅰ 和 ICEX 均是 BFGoodrich 公司推荐使用的产品。AGE MASTER Number Ⅰ 可用于保护橡胶，防止因臭氧、光照、自然氧化和污染等造成的老化；而 ICEX 则用于减小冰在除冰靴上的附着力。使用后可延长除冰靴的使用寿命。

（4）应根据容器上生产厂家给出的说明来使用 AGE MASTER Number Ⅰ 和 ICEX。

（5）SHINE MASTER 和 SHINE MASTER PREP 也可用于除冰靴，使用后除冰靴会显得更加平滑和有光泽，如表 5.3 所示。

（6）应根据容器上生产厂家给出的说明来使用 SHINE MASTER 和 SHINE MASTER PREP。

表 5.3

名　　称	生产厂家	用　　途
SHINE MASTER	BFGoodrich Aerospace DE-ICING Systems 1555 Corporate Woods Pky. P.O. Box 1277 Uniontown,OH　44685	使除冰靴显得更加平滑和有光泽
SHINE MASTER PREP	BFGoodrich	

（7）对于除冰靴表面的小的裂缝和磨损可在原位进行临时性的修理，修理后应重新涂上导电涂层。Citation 服务中心可提供本项工作所需的材料和说明。

6

MA600 飞机除冰/防冰操作

本章是根据西飞公司 MA600 型飞机《维护手册》（2011-08-20 版）12-31-00"飞机的保护"、12-31-11"防冰保护"和 12-31-12"飞机除冰雪"的内容制定的。

6.1　除冰/防冰液

除冰/防冰液选用 FAA、AEA、ISO、SEA 等国际组织批准使用的除冰/防冰液。

6.2　飞机停留防冰保护

飞机在严寒的天气条件下停留时，为防止渗漏水后飞机上某些机构冻结以及结冰，并确保下一次的飞行安全，飞机需进行防冰保护。

6.2.1　飞机停留防冰程序

（1）在严寒的天气条件下停留飞机时，把飞机停放区域的雪、泥浆和冰清除，至少也需将主轮和前轮周围清扫干净，以减少轮胎冻结到地面的可能性。

（2）罩上飞机所有的罩布，并装上所有的堵盖。若在极其寒冷的天气，可在罩上刷一层除冰液，以防止冻在飞机上。

（3）若飞机计划停放一段时间时，应排出水系统里的水，以防结冰。

（4）做好飞行准备的飞机在其重要的飞行面（机翼、垂直和水平安定面、方向舵）上不得有冰、雪、雪泥或霜。

（5）飞机的污染检查必须涵盖飞机的所有零件。必须从可看清所有表面的位置进行目视检验。因为积冰不是都能看见的，所以我们推荐用手检查重要的表面（机翼、垂直和水平安定面、方向舵）。

（6）如果天气情况允许，则进行飞机的除冰/防冰。

（7）如果当襟翼处于非完全收起状态时：

① 必须检查这些襟翼。

② 必要时，必须在收起之前进行除冰。

（8）运用限制：不要直接将一层新的防冰液涂到之前的涂层上。如果必须在随后的飞行之前作新的防冰保护，则必须：

① 用热的除冰溶液给飞机除冰。

② 在干净的飞机上进行防冰保护。

（9）不要将过多的防冰液涂到方向舵、升降舵和副翼伺服控制区域。仅使用足够的液体去除雪。

注：如雪层太厚，用扫帚去除大部分的雪（使用软毛扫帚，这样不会损坏飞机蒙皮）。

（10）为了防止驾驶舱窗上的防冰液流动，应擦去多余的防冰液。

注：用清水和柔软的布清洁表面。

（11）如果在驾驶舱或客舱窗上发现防冰液，用清水和柔软的布清洁窗。

注：① 不要使用雨刷清洁窗上的液体。

② 确保驾驶舱窗上没有剩余液体，特别是雨刷范围内应擦拭干净。

（12）将防冰液涂到飞机的所有外表面，但不能将液体涂在：

——APU 进气口；

——起落架舱门；

——发动机进气道口；

——空速管；

——静压传感器；

——AOA 传感器。

注意：不要将防冰和除冰材料涂到驾驶舱或客舱窗。这些会引起窗上的裂纹，液体同样会进入窗密封件。在涂防冰液时，必须关闭所有舱门和窗，以防止有液体污染厨房地板区域和室内装潢。

（13）确保旅客/机组门、货舱门、窗户关闭。

（14）将飞机恢复到其初始状态。

（15）移除防冰设备及工具。

6.3   飞机除雪

6.3.1   除雪注意事项

当从停机位移动飞机之前，应先除雪。

注意：

（1）飞机起飞前必须将飞机外表面的雪、融雪或冰除去，否则雪和融雪结冰会改变飞机的飞行性能。

（2）除雪期间不可使用发动机，否则会导致人身伤害或设备损坏。

6.3.2   飞机除雪程序

（1）下雪后立即清除飞机表面上的积雪，以防融雪在飞机表面上或流入飞机内部区域冻结。

（2）除雪时，应特别注意清除发动机进气道及排气管、APU 进气道及排气管、襟翼、襟翼滑轨、副翼、升降舵、方向舵及各调整片的转轴缝隙等处的积雪。

（3）应清除门手柄及周围、空速管、全压受感器、天线、起落架及起落架舱门和风挡雨刷等处的积雪。

（4）如果积雪干而轻，可用压缩空气吹掉。

（5）一般情况下，使用除冰液喷洒后，用长柄扫帚扫除飞机表面积雪。但要注意不要损伤飞机表面上的天线、传感器和其他机构，严禁用长柄扫帚在除冰套上扫雪，以免损坏除冰套。

（6）清理工作现场。

6.4　飞机除冰

6.4.1　除冰注意事项

飞机在严寒的天气条件下停留时，为防止渗漏水后飞机上某些机构冻结，并确保下一次的飞行安全，飞机必须除冰。

注意：

（1）不许防冰/除冰液积存在发动机进气道或排气管，否则在启动发动机时会发生防冰/除冰液吸入或灭火。

（2）除冰期间不允许启动 APU，以防防冰/除冰液吸入 APU，从而导致损坏 APU。

6.4.2　飞机除冰程序

（1）飞机除冰时，要特别注意发动机进气口、排气口和飞机其他排泄孔、全压受感器、空速管、运动机构及各操纵面、起落架舱门等不得结冰和有冰的积聚。

（2）飞机除冰使用除冰液或酒精，当冰松散时，可用长柄扫帚扫除，但对（1）条所述各处要特别仔细，冰的积聚物要清除干净。严禁用长柄扫帚在除冰套上扫除冰块。

（3）移除长柄笤帚等工具。

（4）清理工作现场。

7

设备/设施及操作要求

7.1 个人保护设备

7.1.1 使用耳机通信（强制要求）

为了安全地操纵除冰车在航空器周围运动，除冰车驾驶员和吊篮操作员在除冰操作期间必须始终保持联络。

7.1.2 使用面罩（强制要求）

为防止吸入除冰液，吊篮操作员在喷洒除冰液时必须使用所提供的、经公司批准的面罩。

7.1.3 使用员工安全带（强制要求）

在除冰操作期间必须向除冰操作员提供经公司批准的安全带和系索。

7.1.4 使用安全靴（强制要求）

除冰操作期间要求员工穿安全靴。橡胶靴子可能会被磨损。除冰人员一定要十分小心，以防止将热的液体喷洒到非从事除冰操作的人员身上。不直接从事除冰操作的人员应注意自我保护，在接近除冰现场时应穿戴经批准的雨衣和手套，以防止被风吹起的液体薄雾落在身上。

7.1.5　使用眼睛保护装置

在刮风或恶劣天气条件下应佩戴眼睛保护装置，以防止除冰液进入眼睛。在吊篮操作员需要时应向其提供眼睛保护装置。

7.2　除冰车

检查和保养：在进入任何除冰车辆前必须进行绕圈检查。检查各种液面 —— 燃油、滑油、洗涤液、乙二醇等。

7.2.1　安全操作

根据营运人的除冰培训方案，所有的操作员都要接受对于特定除冰车的培训。下列程序适用于各种除冰车的操作：

（1）在接近航空器或绕航空器行驶时速度降至 6 km/h 以下。
（2）喷洒员在升起的和/或伸出的吊篮里时不要长距离行驶。
（3）永远不要让车辆处于无人照管的状态。
（4）在延长停车时间时关闭加热器。
（5）遵守当地机场交通指示。
（6）发生事故或乙二醇溢出时，立即报告。

7.2.2　日常检查

营运人应对下列项目进行检查，并把任何不工作的项目报告给负责除冰工作的负责人：

灯 —— 标志灯、前灯、信号灯和驾驶室灯;

轮胎、刹车、加热器;

车辆损坏和液体泄漏。

把认为不能安全操作的车辆撤下,直至修理完成。

7.3 除冰液

7.3.1 Ⅰ型液体

Ⅰ型液体以浓缩的或稀释的(随时可用)形式提供。浓缩的Ⅰ型液体乙二醇(即:甘醇、二甘醇或丙二醇,或这些乙二醇的混合物)的含量较高。其他成分包括水、防腐剂、润湿剂、防泡剂以及染料(有时包括)。

Ⅰ型液体必须加热以提供有效的除冰能力。按照不同的使用程序,浓缩的Ⅰ型液体必须用水稀释以获得适当的冰点。由于空气动力性能和/或基于冰点的考虑,Ⅰ型液体在使用时通常需要进一步的稀释。

7.3.2 Ⅱ、Ⅳ型液体

Ⅱ型和Ⅳ型液体以稀释的和未经稀释的两种形式提供。在喷洒到飞机上时,液体的高黏度加上润湿剂的作用,形成一层黏稠的覆盖层。为了提供最大的防冰保护,Ⅱ型和Ⅳ型液体应在未经稀释的条件下使用。用于除冰时,液体必须加热。

Ⅱ型和Ⅳ型液体黏度较高,在机翼上形成比Ⅰ型液体更为黏稠的液体覆盖层。任何情况下都不得在已经经过防冰处理的飞机的被污染的液体薄膜上进一步直接覆盖防冰液。如需再次给飞机喷洒防冰液时,在最后喷洒防冰液之前必须首先对飞机表面进行除冰。

参考资料

[1]　中华人民共和国民用航空行业标准 (MH/T 3011.19—2006). 第 19 部分 "民用航空器除冰、防冰液的使用".

[2]　中国民航规章 CCAR121.649 条（c）款和 CCAR91R2.1027 条.

[3]　中国民航咨询通告 AC-121-50. 地面结冰条件下的运行.

[4]　CESSNA525/MA600 飞机维护手册.